平凡社新書

875

江戸の科学者

西洋に挑んだ異才列伝

新戸雅章
SHINDO MASAAKI

HEIBONSHA

まえがき

江戸科学の興隆

万延元年（一八六〇年）、咸臨丸（かんりんまる）で渡米した福沢諭吉は訪問先で最新の造船所や工場を案内された。この時の印象について、彼は「さまざまな工場を見せられたが、たいがいは日本にいる間に調べていたので、少しも驚くことはなかった」といった感想を述べている。「こっちはチャンと知っている」（『福翁自伝』）というわけである。これは決して強がりではなく、彼の実感だっただろう。

諭吉は大坂の適塾で学んでいた頃、師の緒方洪庵から洋学の薫陶を受けていたし、その後も独学で西洋の科学文献を読み込んでいた。いや、幕末には諭吉に限らず多くの洋学者が、本家と大差ないまでに西洋の科学知識を吸収していた。このことは咸臨丸に同船した勝海舟が、同様の感想を残していることからもわかる。

一昔前まで、江戸の科学の評価はあまり高くなかった。一部にすぐれた業績はあっても、当時の西洋のレベルには遠く及ばないという見方が支配的だった。こうした見解を取る者は、おおよそ次のような流れで江戸の科学を理解してきた。

三代将軍家光の時代、幕府は外国との交流をオランダと中国のみに制限し、洋書の輸入も禁止した。このいわゆる鎖国体制に加えて、封建的主従関係、固定的な身分制度、移動の制限といった制約のため、江戸の科学は長く停滞を余儀なくされた。ようやく江戸中期にキリスト教関係以外の蘭書の輸入が解禁されると、これを機に蘭学の興隆が始まった。だが、その科学知識は限定的であったのみならず、学者同士の自由な交流や相互批判がなかったため、本来の可能性を開花させえなかった。

このような観点に立てば、日本の近代科学が花開いたのは明治維新以後、大学や研究所、学会などの諸制度が整備されてからということになる。

しかし江戸の科学事情をつぶさに検討すると、その見方は実態を反映していないばかりか、偏見のたぐいにすぎないことがわかってくる。最近の洋学史研究や科学史研究によれば、江戸の科学はすでに相当の水準に到達していたし、あえて言えば一定の世界性すら獲得していた。この評価が決して誇張ではないことは、本書で採り上げた科学者たちの業績を見れば明らかだろう。

むろん全体として、西洋と拮抗しえたかと言えば、そこまでではなかった。近代科学についてはやはりあちらが本家であるから、層の薄さや後追いが目立つのはやむをえない。にしても、日本の科学は江戸時代には西洋のはるか後塵を拝し、明治以降、一挙に差を縮めたという見方はやはり適当ではない。

江戸の蘭学者は物理、化学から生物学、工学技術まで、大きな遅れなく西洋近代科学の成果を吸収してきたのである。しかも彼らは書物による知識に満足せず、自前の実験器具や測量器具を使って実験・観測を行い、常に実践的な理解を心がけていた。

情報伝達手段の乏しい当時、半世紀程度の遅れは遅れのうちに入らない。しかもその差は幕末にかけて急速に縮まっていった。そのような基礎があったからこそ、維新後の科学研究や殖産振興政策も早くに成果を挙げられたのだろう。

本書はそんな江戸の科学者の業績やエピソードを取り上げながら、江戸科学の魅力を探究するものである。登場するのは、高橋至時（よしとき）、志筑（しづき）忠雄、橋本宗吉（そうきち）、関孝和（せきたかかず）、平賀源内、宇田川榕菴（うだがわようあん）、司馬江漢（しばこうかん）、国友一貫斎（くにともいっかんさい）、緒方洪庵（おがたこうあん）、田中久重（ひさしげ）、川本幸民（こうみん）の一一人。それぞれ専門分野が異なり、業績や知名度にも差があるが、西洋の科学知識を積極的に吸収し、理論に、実験に、あるいは啓蒙に、産業化にと、多彩な業績を挙げた者ばかりである。和算家の関孝和のように、世界水準の業績を挙げたものも少なくない。

杉田玄白や青木昆陽、華岡青洲、佐久間象山、伊能忠敬、渋川春海といった大物の名が抜け落ちているが、それについては、多分に筆者の好みであることをお断りしておきたい。筆者はもともと、業績は抜群だが世間的には無名の科学者、有名だが誤解されがちな科学者に関心がある。その好みに沿って選んだのがこの一一人だった。

とは言え、わがままを通した人選が、結果的に本書の意図から大きくはずれなかったことはさいわいだった。

彼らの生き方

江戸の科学者はこれまで一般に蘭学者や洋学者としてくくられてきたが、彼らは理論や実験を重んじたという意味で現代に通じる科学者だった。それに敬意を表して、本書では彼らを第一義的に科学者と呼ぶことにする。

もっとも彼らの在り方には、現代の科学者とは異なる面も多かった。現代の科学者は細かい専門分野を持ち、それをどこまでも深く掘り下げようとする。これに対して江戸の科学者の関心は幅広く、興味の赴くまま、物理から化学、生物学、天文・地学まで、貪欲に知識を吸収していった。その好奇心は芸術や文学にまで及んだ。

また、現代の科学者にとって研究は生活の糧であるが、江戸時代には科学という職業はほとんど存在しなかった。唯一の例外が医師である。これは当時は科学自体が未熟だったうえに、それを産業などに活かす社会的環境も整っていなかったからである。そのため他に生活の糧を求めながら、その合間に好事家(こうずか)として研究を進めるほかなかった。

加えて、彼らの研究をいっそう困難にしたのが言葉の問題だった。辞書すらないオランダ語や英語習得のむずかしさはもちろん、やっかいだったのが科学用語の翻訳である。西洋近代の宇宙観や物質観は、東洋の伝統的自然観と質的に異なるため、適当な訳語が見つからなかったのである。そのため「引力」や「重力」「分子」「原子」「酸化」といった用語を自らひねり出さなければならなかった。

さらには「蛮社の獄」や「安政の大獄」といった政治的逆境に苦しめられもした。

江戸時代後期になっても、蘭学は広く認められた学問ではなかった。医学で言えばまず漢方であり、天文・暦学も東洋思想の影響がまだ濃かった。幕府公認の学(官学)は朱子学で、科学は陽明学などと同様、異端の学とみなされていた。時にはバテレンの邪法として厳しい弾圧を受けたり、西洋かぶれとして攘夷の志士の標的になり、命の危険にもさらされた。

もともと頭脳明晰な彼らは、蘭癖にさえ陥らなければ、それなりの出世や平穏で幸福な人生を望めたかもしれない。だが、それを進んで捨てて異端の学にかけたのである。その生き方には興味に対してまっすぐなおたく的マニアックさと、「かぶきもの」にも一脈通じる強烈な反骨精神があった。かぶきものならぬ「かがくもの」といったところだろうか。しかも生真面目でいながら、エレキテルで遊んだり、ビールをつくって宴会を開いたり、戯作をものしたりと、遊び心も忘れなかった。

そこには江戸の粋と幕末の志士たちの気概が同居しているようだ。だからこそ彼らはわたしたちを惹きつけてやまないのである。では、そんな彼らの魅力を、皆さんといっしょに訪ね歩いてみよう。

江戸の科学者●目次

第四章 明治科学をつくった人々……177

本書に登場する人物たちの生没年一覧

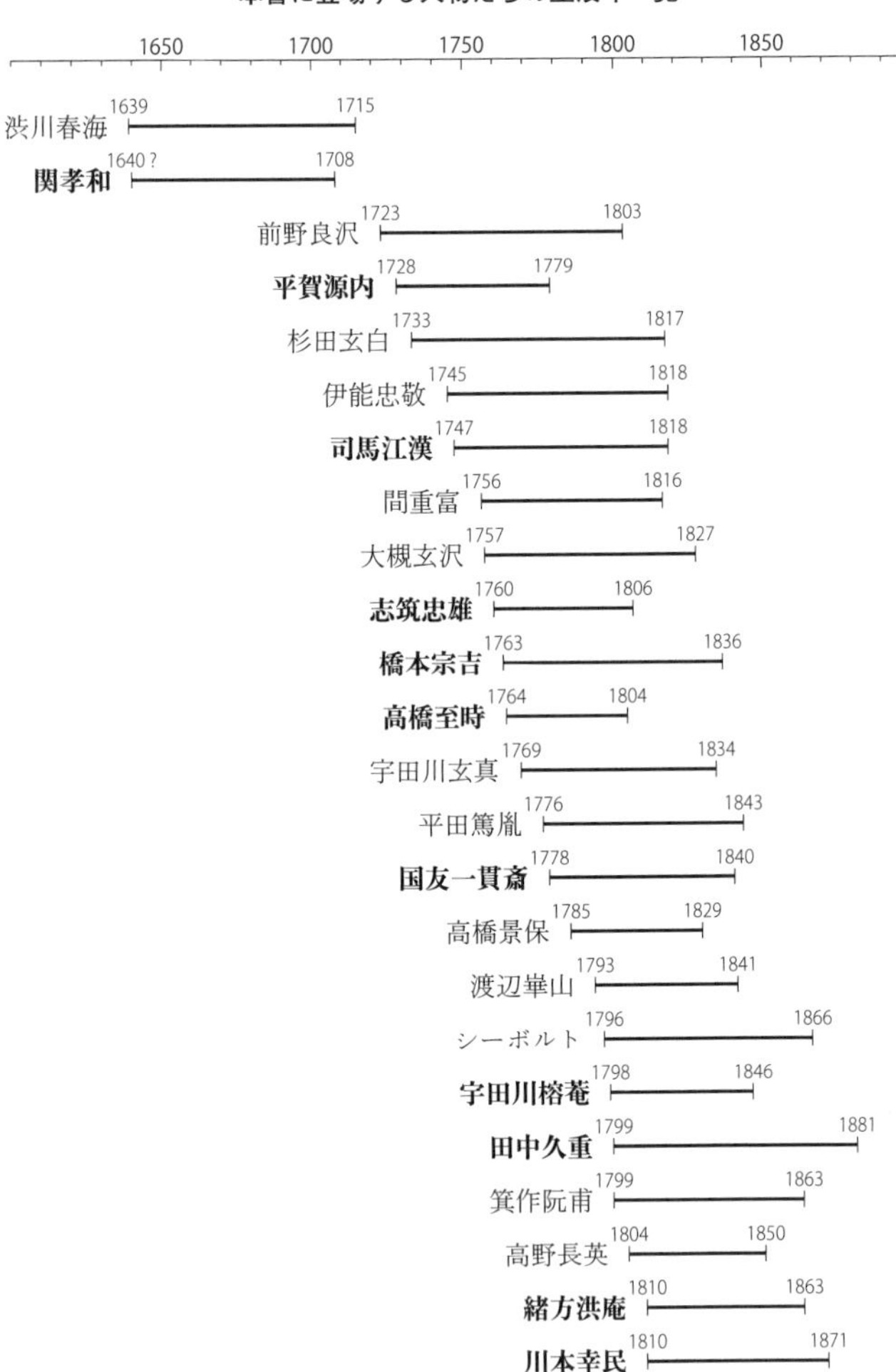

第一章　究理の学へ

高橋至時——伊能忠敬を育てた「近代天文学の星」

若き師と五〇歳の弟子

はじめ、至時はその弟子にあまり期待はしていなかった。なにせ相手は五〇歳をすぎた造り酒屋のご隠居。天文を学ぶため家業を息子に継がせ、江戸に出てきたその心意気はよいが、どうせ老いの慰み事にちがいない。なによりその高齢が学問には大きな障害になると考えたのである。

しかし間もなく至時は老人を見直すことになる。忠敬が独学ながら相当の天文知識を身につけ、その学問に対する情熱も生半可なものではないことをさとったからである。そこでこの一九歳年上の弟子に、もてる知識のすべてを授けることにした。

幕府天文方高橋至時は門下生に対しては、最初に中国の暦法を教え、そののち西洋の暦法に進ませるのが通例だった。だが、忠敬は中国の暦法はすでに修めていたので、西洋から始めることにした。

至時は講義日だけでなく、忠敬から質問があればいつでも文書で答えてやった。出張で長い間留守にする際には、同僚の間重富（はざましげとみ）に指導を頼んでいったほどである。忠敬もその情熱によくこたえて精進し、めざましい進歩をとげた。

至時はそんな忠敬をいつしか「推歩（すいほ）先生」と呼ぶようになっていた。推歩とは星の運行を観測することである。忠敬は無駄な時間を過ごすことを嫌い、至時の講義が終わるとすぐに帰宅し、寝る間も惜しんで天文観測に打ち込んだ。そんな律儀な弟子への敬意をこめた、それは呼び名だった。

推歩先生の情熱はやがて、至時の周辺で論議されていた天文学の問題に向かった。それは子午線（緯度）一度の長さの計測だった。

子午線一度の長さがわかれば、それを三六〇倍して地球の大きさを推定することができ、天文・暦学にもはかり知れない貢献をもたらすだろう。だが、それまで実測した者はひとりもなく、したがって信頼すべき値もなかった。

これに興味をもった忠敬はそれなら自分の足で測ろうと考えた。

当時、幕府の司天台（天文台）は浅草にあった。そこから深川・黒江町（現在の江東区門前仲町）の忠敬の自宅までは、緯度にして一分半ということがわかっていた。忠敬はその約二キロ半ほどの距離を毎日、磁石を携え、歩幅を一定に保ちながら往復した。その歩数から距離を測定し、一度の長さを算出して至時に報告したのである。

弟子の苦心を知った至時はある講義の折り、この件で忠敬に声をかけた。

「推歩先生から報告いただいた緯度一度の距離の件ですが、浅草と深川ではまだまだ近すぎます。そのくらいの距離では、たとえ精密に測定できたところで、正しい値はえられますまい」

師から諭された忠敬の顔に一瞬失望の色が浮かんだ。だが、次の言葉でその顔にふたたび輝きがもどった。

「いずれもっと長い距離を測る機会が必ずやってきます。それまで辛抱なされるのがよいでしょう」

「そのような機会がまいりましょうか」

「遠からぬうちに必ず」

この時すでに、至時の頭の中には、蝦夷地（北海道）の測量計画が描かれていたのだろうか。至時は間もなく忠敬に蝦夷地の地図作成をもちかけた。ついでに奥州街道を計測していけば、正確な子午線の値も求められるとあって、忠敬に異論などあろうはずがなかった。

至時は早速、忠敬による蝦夷地測量を幕府に願い出たが、この計画には当時の政治情勢をふまえた至時の深謀遠慮が働いていたと見られている。

この頃、蝦夷地にはロシア船、イギリス船などが来航し、なにやら不穏な情勢が生まれていた。幕府はこの対応に苦慮していたが、対策上ひとつの大きなネックがあった。それは蝦夷地の正確な地図がないことだった。もし今、かの地の地図作製を願い出れば、幕府も聞きとどけやすいはずだ。至時はこう考えたのである。

政治情勢を利用して学問上の答えを出そうとは、なかなかの策士ではないか。

幕府は忠敬が費用を自費でまかなうなら、という条件つきで許可を下ろした。これが彼の全国測量の始まりとなった。

至時はこの大事業遂行にあたって、あらゆる面で忠敬を指導し、助言をあたえ続けた。その助力は理論上の問題はもちろんのこと、幕府との交渉や観測機器の製作にまでおよんだ。忠敬が測量に利用した器械のひとつに「量程車」という二輪で動く距離の測定器があったが、これも至時の考案とされている。

こうして、至時と忠敬は師弟の間も、年齢差も超えて、初の日本地図作製をめざす学問上の同志となったのである。

伊能忠敬を育てた男

「伊能忠敬を育てた男」高橋至時が生まれたのは明和元年（一七六四年）。父は大坂定番同心、すなわち町奉行の同心だった。至時は一五歳で父を継ぎ、公務のかたわら子供の時分から興味のあった数学や暦学の研究に励んだ。その後、麻田剛立のもとに弟子入りした。

大坂に天文暦学の塾「先事館」を開いていた麻田剛立は、わが国天文学の開祖とも言うべき傑物である。もともと豊後（大分県）杵築藩の藩医で名を綾部妥彰と言った。幼い頃から星や空に興味を抱いて天文の研究に取り組んだ妥彰は、三〇代後半で研究に専念するため脱藩を決意した。大坂に出ると名を麻田剛立と改め、町医者を開業しながら天文研究に励むようになった。

剛立の天文の業績としては、太陽黒点や月面、木星の衛星、土星の環などの記録、理論ではケプラーの惑星運動の法則を独自に考え出したことなどが挙げられる。その実力は、官暦に記載されていなかった宝暦一三年（一七六三年）の日食を予告した事実からもわかる。

天明七年（一七八七年）、二四歳でこの日本一の天文学者のもとに弟子入りした至時は、天文・暦学を学んでたちまち頭角をあらわした。

この頃、至時は同門の間重富が桑名藩主松平忠和から入手した中国の天文書『暦象考成 後編』に出会った。当時、幕府と桑名侯しか所有していなかったというこの貴重な書物は、プトレマイオスの天動説とケプラーの楕円運動論に基づいて天文・暦学を論じており、中国経由の暦学書としては最新のものだった。そこで一門を挙げて研究にあたることになった。

至時はこの研究の中心となり、師をもしのぐ進境を示した。こうして麻田門下でも一頭地を抜く存在となった至時に、まもなく大きなチャンスが巡ってきた。

寛政七年（一七九五年）、幕府は当時使用されていた宝暦暦の改暦作業に着手することを決めた。

宝暦暦は、宝暦五年（一七五五年）に、それまでの貞享暦（じょうきょうれき）から改暦されたものだった。しかし非常に不出来で、実際の天文現象と食い違うこともしばしばだった。剛立が予告した宝暦の日食が、記載されていなかったこともその一例である。

暦というのは古代から、為政者の力を示すものと考えられてきた。それが不正確となれば、幕府の威信にもかかわる。しかも前回から五〇年もたたないうちの改暦だから、今度こそ失敗は許されなかった。この大事業に至時が同門の間重富とともに抜擢されたのである。

この経緯については従来、次のように記されてきた。

当初、幕府が白羽の矢を立てたのは師の剛立だった。ところが、剛立は高齢を理由にこの誘いを断り、かわりに門下の至時と重富を推挙したのだと。

しかし最近ではこの記述は誤りだと見られている。幕藩体制において、幕府の命は絶対である。もし断れば主は死罪のうえ、一家断絶を免れなかった。したがって至時らの力量を知って、最初から指名してきたのだという説が有力になっている。

寛政暦に取り組む

幕府御用を任じられた至時が江戸に出たのは、寛政七年（一七九五年）のことだった。直ちに暦局に入り、半年後には天文方に任ぜられた。こうして先任の天文方とともに勇躍、改暦作業に着手したのだった。

宝暦暦が不出来だった理由は、ひとえに作成者の力量不足にあった。

もともとこの暦の作成を号令したのは、八代将軍徳川吉宗だった。開明派として知られ、蘭学にも理解を示した吉宗は、西洋天文学に基づく改暦の必要性を痛感していた。そこで関孝和の弟子建部(たけべ)賢弘(かたひろ)や、その弟子の中根元圭(げんけい)らに天文暦学の研究を命じた。この際、吉宗は元圭の建言をいれて、キリシタン書の輸入禁止を一部解禁することにした。

キリシタンの広まりを恐れた幕府が、キリスト教に関する一切の書物を輸入禁止にしたのは寛永七年（一六三〇年）、三代将軍家光の治下だった。これにより多くの天文書や科学書が、キリスト教関係の記述を理由に輸入できなくなった。吉宗の解禁策はこれを大幅に緩和し、その後の蘭学の興隆を決定づけたもので、彼が行った数々の改革の中でも特筆されるべきものである。

吉宗自身、長崎の眼鏡師森仁左衛門正勝に命じて望遠鏡を製作させ、これを使って天体観測を行い、また観測装置も工夫するなど、元祖蘭癖の名に恥じない活躍を見せた。天文学者中村士氏はこうした活動をもって、科学者としての吉宗を高く評価している。

実際の改暦作業は、天文方の渋川則休、西川正休らが当たったが、その作業は残念ながら中断を余儀なくされた。着手後まもなく則休が、さらに吉宗が相次いで亡くなり、改暦の支柱が失われてしまったからである。幕府は正休を中心に、改めて作業を進めようとしたが、その間に主導権を朝廷の陰陽頭土御門泰邦に握られてしまった。

陰陽頭とは朝廷の天文・時・暦を編纂する部署の長官といったものだが、当時は形骸化した役職となっていた。泰邦も単に権威がほしかっただけで、新暦作成に必要な知識など持ち合わせていない。結局は、貞享暦にわずかな手を加えてお茶を濁しただけというお粗末な話になった。その張り子の権威も、麻田剛立らが暦にない日食を予測したことで、またたくまに失われた。

今度こそ一貫した思想の下、西洋天文学の成果を採り入れた正確無比な暦をつくろう。その熱い思いが至時・重富を駆り立てた。

彼らが新しい暦の元にしたのは、前述の『暦象考成 後編』だった。その骨格は、前述のようにケプラーの楕円運動論とプトレマイオスの天動説にあった。至時はこれを楕円運動論については活かしながら、天動説をコペルニクスの地動説に変更して理論的基礎とした。

コペルニクスの説は当時、日本に紹介されたばかりだったので、新暦への採用は冒険だったが、少しでも正確な暦をつくるために決断したのである。

至時の活躍は理論面にとどまらなかった。

正確な暦をつくるためにもっとも重要なのは、観測である。前言と矛盾するようだが、観測の方法と精度さえ確かなら、天動説に基づいても正確な暦はつくれる。そこで、至時は観測方法の確立と観測機器の調達に全力を挙げて取り組むことにした。さいわい彼の近くには「観測の達人」間重富がいた。

大坂の裕福な質屋に生まれた重富は、自分の代でさらに事業を発展させ、大坂でも有数の富豪に数えられるようになった。子供の頃から「からくり」の才を発揮、成長してからは蘭学に興味をもって剛立の弟子となった。一方、その恵まれた財力で麻田の塾の後援者にもなっていた。

重富がとくに力を注いだのが観測機器の製作と天体観測で、この分野では誰にも負けない自信と自負をもっていた。師の剛立も自ら観測装置を工夫して観測に当たったから、彼はその後継者でもあった。

歳は重富が至時より八歳上だが、理論に強い至時と、観測にたけた重富は日本天文学史上に残る名コンビだったと言えよう。

重富がえらかったのは、観測機器をつくる職人を自らの手で養成したことである。工賃をはずんだのはもちろん、断続的に仕事を与えて収入の安定にも配慮した。これによって技術や経験の蓄積が可能になったのである。安易にリストラに走る現代の経営者に聞かせたいような話だが、その職人を指導して重富は象限儀(しょうげんぎ)、垂揺球儀(すいようきゅうぎ)(振動数で時間を測る天文用振子時計)、子午線儀などの観測機器をつくりあげた。

こうして江戸期天文学の総力を結集した新暦「寛政暦」は、寛政九年(一七九七年)、ついに成った。その完成度は先行のどの暦よりも高く、幕府の威信回復は言うまでもなく、日本天文学史上においてもエポックメーキングな出来事となった。

糸魚川事件

至時が寛政暦に取り組んでいる間も忠敬の全国測量の旅は続いていた。雨の日も晴れの日もたゆまぬ歩みを続ける旅空の弟子を思いながら、至時もまた果てしない天文研究の旅を続けていた。

そんなある日、彼は奥御右筆秋山松之丞から勘定所に呼び出された。

「このたびの測量の件で、糸魚川藩主松平日向守様より、勘定所に対し申し立てがあった」

秋山から示された書状を読んで至時は驚いた。そこには次のような経緯が記されていたからである。

糸魚川藩(現在の新潟県糸魚川市にあった小藩)での測量に際して、伊能隊は姫川の河口を測量するため船で渡りたいと申し出た。すると現地案内役の町問屋八右衛門は姫川は川幅が広く、急流で危険だとして山越えを勧めた。しかし実際に行ってみると小さな川で、かくべつ問題なく測量できた。忠敬は案内役が御用を意図的に妨害したととって、今度このようなことがあれば江戸に報告すると怒った。

町役人は平謝りしてその場は収まったが、これを藩の役人から聞いて腹の虫が収まらなかったのが藩主の松平日向守である。日向守は一連の経緯を書いた訴状を幕府に送り、伊能隊の行状が知れることになったのだった。

「この件、そのほうぞんじておったか」

「おそれながら一向に」

「御用をふりかざし、脅すような言辞を吐くなどもってのほか。そのほうの監督不行届きもまぬがれまい。忠敬にはきつく申しわたすがよいとの勘定奉行中川飛驒守様からのお達しじゃ」

忠敬は六日町で至時からの至急の手紙を受けとった。手紙は二通あり、一通は勘定所の意を受けた訓戒状だった。そこには「江戸へ報告するといった物言いは、がさつな言い方に聞こえ、もってのほか。弟子たちにも徹底し、ものわかりの悪い役人がいてもそのようなことは決して言わないように」と厳しく書かれていた。

もう一通は内書で、師弟関係の深さを示すようにくだけた調子で書かれていた。

今や天下の暦学者があなたの地図の完成を待ち望んでいる。万が一、この書状が老中に差し出されれば、あなたの身分にかかわるし、今後、測量ができなくなるかもしれないよ。小事にこだわってはいけません……。

忠敬の清廉さ、潔白さは至時が誰よりもよく知っていた。それだけに些事にかかずらうことなく、大事をなせと諭し、励ましたのである。その手紙を胸に抱いて忠敬は旅を続けた。

ラランデ暦書との出会い

寛政暦は、西洋天文学に基づく初めての暦だったが、至時はその出来に決して満足していなかった。

実力は充分だったとは言え、なにぶん彼は天文方では新参者だった。それゆえ排除された意見や提案も少なくなかった。楕円運動論についても太陽と月には採用されたが、他の惑星については斥けられた。加えて使用開始年の月食が、暦の予報より一五分以上遅れたことが、不満に拍車をかけた。

そんな至時のもやもやを一掃したのが、一冊の天文書との出会いだった。

寛政暦完成から六年後の享和三年（一八〇三年）二月、至時は上司の若年寄堀田摂津守正敦(まさあつ)からある人が所有する天文書のオランダ語訳を調べるよう言いわたされた。

フランスの天文学者ラランデが著したその天文書は、ケプラーの楕円運動論とコペルニクスの地動説に基づいて天体の運行を論じていた。あいにく至時のオランダ語知識は乏しく、閲覧期間も一〇日余りと限られていたため、詳細な内容までは把握できなかった。ただ、自分の得意分野に目を通しただけでも、日本の天文暦学にとって決定的な書であることは理解できた。

これこそ、わたしが求めていた書だ――。

そう確信した至時は、早速幕府に購入を願い出たが、価格が八〇両と高額だったためなかなか許可がおりなかった。しかし粘り強く申し入れてついに許可をえた。入手すると、ただちに翻訳にとりかかった。

不得手な語学の問題は蘭学者の助けを借り、それを自らの天文知識と突き合わせて内容を判断しながら作業を進めていった。この訳業については、いくつかのエピソードが残されている。

至時は翻訳を進めていくうちに、惑星の運動に関する「ケプラーの第三法則」の部分に行き当たった。

よく知られているようにケプラーの法則は、三つの法則で構成されている。第一法則は、惑星は太陽をひとつの焦点とする楕円軌道上を動く。第二法則は惑星と太陽とを結ぶ線分が単位時間に描く面積は一定。そして第三法則は「調和の法則」とも呼ばれ、「惑星の公転周期の二乗は、軌道の長半径の三乗に比例する」というものである。

第三法則の意味は、惑星の公転周期は楕円軌道の長半径だけで決まるということである。言いかえれば、惑星の軌道が大きくゆがんだ楕円だろうと、円に近い楕円だろうと、長半径が同じなら公転周期は一定だということである。

その内容を知った至時は驚いた。これはかねて麻田先生の唱えられていた御説と同じではないか。

至時はその考えを剛立から直接聞いていた。ケプラーの第一法則と第二法則は麻田一門が取り組んだ『暦象考成 後編』にも記述されていたが、第三法則は暦学には不要として省かれていた。したがって第三法則は剛立が独自に発見したものだった。その発想の斬新さは、彼の印象に強く残っていた。こうして至時は西洋の学問を通して、師の偉大さをあらためて認識させられたのである。

ラランデ暦書がもたらしたもうひとつの重要な知識は、至時、忠敬が最大の課題にしていた子午線一度の距離に関するものだった。

子午線一度

その夜、至時はラランデ暦書の翻訳を一時中断して、ある計算に没頭していた。何度計算しても、答えはぴたりと一致した。二八・二里（約一一〇キロメートル）。もう間違いない。

「よかったのや。やはり推歩先生は間違っていなかったのや。二八・二里でよかったのや」

計算を終えた至時は、喜びのあまり声をあげていた。

「推歩先生は正しかったのや。だが、わしも間違っていなかった。この書のように、地球を円ではなく楕円体と考えれば数字が合うわけや。推歩先生もわしもどちらも正しかったのや。いや、こんなめでたいことがあるものか」

ラランデ暦書に取り組み始めた頃、忠敬は蝦夷地を皮切りに、奥州街道、さらには伊豆から陸奥、さらには越後までの海岸測量を敢行していた。こうした成果に基づいて、忠敬は一度の距離を最終的に二八・二里と算出した。

だが、弟子の報告を聞いた至時はすぐに賛成しなかった。数値が大きすぎると感じたからである。また忠敬の方法では、そこまで細かい数値は出せないと考えたのも反対理由になった。

忠敬は失望しながらも、第三次測量となる奥州街道から羽越海岸の測量を行い、その結果に基づいて、再度、二八・二里を採用した。だが今度も師は納得しなかった。

忠敬の算出方法にはあいまいな点もあったので、至時の指摘は決して不当だったとは言えない。しかし忠敬は現場の経験を積み、測量については絶対の自信をもちはじめていた。そのため、たとえ師の意見でも容易には受け入れがたかったのである。

先生がまだお疑いなら、これ以上職にとどまれない。怒った忠敬が辞職を申し出、至時がこれを懸命になだめるという一幕もあった。その対立を解消する回答がラランデ暦書にあったのである。

忠敬の数値は従来の見解に従って、地球を「球体」として算出していた。しかしラランデ暦書では、球体ではなく赤道半径が極半径よりやや長い「回転楕円体」としていた。このことを知った至時は、そのデータをもとに一度の距離を算出してみた。すると、忠敬の数値とぴたりと一致したのである。

至時は早速忠敬に知らせてその業績をたたえ、喜びをともにしたという。この逸話には師弟間の信頼の深さとともに、至時の学問に対する誠実さがよくあらわれている。

命をかけた翻訳

ラランデ暦書の記述と忠敬の計測が一致したことは、その書の正しさを証明するものだった。至時は翻訳の意義をあらためて痛感し、鼓舞され、文字通り寝食を忘れて作業に没頭した。そしてわずか半年で『ラランデ暦書管見』一一冊を書き上げ、全五巻約三千ページという大部の翻訳をほぼ完成させてしまった。その翻訳の正確さは今に伝わる訳書が証明している。

だが、過度の集中は、以前から肺の病を抱えていた至時の健康状態を著しく悪化させた。それを気力でカバーしてきたが、ついに病の床に伏してしまった。

家族の懸命の看病のかいなく、至時の病は日に日に重くなっていった。もはや回復の見込みはなかった。

「あんじょうしてえな、至時はん。あんたがあれほど愉しみにしてはった忠敬はんの地図が、もう少しでできあがるがな。きばりなはれ、なあ、至時はん……」

「重富はん、景保(かげやす)と景佑(かげすけ)をおたのみ申します……」

「ああ、心配せんでええがな。もう、ふたりとも一人前の暦学者や」

「推歩先生……」

「はい、ここに。先生、東半部の沿海地図がまもなく完成いたします。ぜひとも上様に御上覧を」

「ようやってくれはったな、忠敬はん。おおきに、おおきに」

「先生！」

享和四年（一八〇四年）一月、至時は四一年の短い生涯を閉じた。

彼の希望は西洋の天文学にもとづいて、わが国の天文学を一新することにあった。その夢は道半ばで断たれてしまった。ようやく近代化に向かって踏み出した天文学界にとっても、これ以上の損失はなかっただろう。

師とともに歩んできた日本地図作製の大業は、東半部の完成が目前に迫っていた。なぜ、先生はもう少し待ってくれなかったのだろうか。忠敬は天を恨んだ。

忠敬作製の『日本東半部沿海図』が上程されたのは、師の死からわずか半年後の文化元年（一八〇四年）八月のことだった。翌九月、大図六九枚、中図三枚、小図一枚からなる地図は、江戸城の大広間で初めて接続され、将軍徳川家斉の上覧に供された。居並ぶ幕閣たちもその見事な出来映えに賞賛の声を惜しまなかった。

忠敬の全国測量の旅はその後もたゆまず続き、江戸府内の測量を最後に一八年の旅を終えた。その測量旅行は一〇次にわたり、距離はほとんど地球を一周するほどだった。そして実測による初めての日本全図『大日本沿海輿地全図』の完成を目前にして、七三年の生涯を閉じたのである。

至時と忠敬の師弟関係は、至時の早すぎる死により九年間で終わりを迎えた。だが、若き師の薫陶は推歩先生の旅を後押しし続け、ついに欧米を驚嘆させた日本地図に結実させたのである。文字通りその偉業は、至時と忠敬の二人三脚の産物だったと言えるだろう。

至時の名は忠敬の師として戦前から知られていた。とは言え、彼自身の天文学的業績が充分に紹介されてきたとは言いがたい。

至時の天文研究の真価は、まずもって日本天文学の近代化に貢献したことにある。

至時以前、天文学の最新知識はずっと中国からもたらされてきた。西洋の天文学ですら『暦

象考成 後編』の例のように中国経由だった。しかし彼の『ラランデ暦』の翻訳によって、西洋天文学を直接学ぶ道筋が初めてつけられたのである。中国の天文学が停滞していた時代に、これが日本の天文学発展にもたらした意義ははかりしれない。
　もうひとつの偉大な業績は観測に基づく天文学の確立にある。日本の天文学において最初に観測を重視したのは彼の師麻田剛立だが、至時はそれをさらに徹底し、明治以降の近代天文学の潮流を決定づけたのだった。

至時・景保父子と忠敬

　至時の死後、その事業は長男景保が引き継ぎ、父と同じ天文方に就任した。後見人となった間重富の薫陶もあって、成長した景保は至時の後継者にまことに恥じない活躍を示した。そのひとつは父を継いで、伊能忠敬の事業を全面支援したことである。幕府との困難な折衝を引き受け、測量にも同行した景保は、忠敬亡きあとは彼の残した日本地図の完成に全力を挙げた。

　また父が命を削ったラランデ暦書の翻訳を引き継ぎ、天文方渋川正陽（まさてる）の養子となった弟景佑とともにその完成に尽くした。こうした業績によって天文方筆頭にまで出世した。

　順風満帆の景保を悲劇が襲ったのは、文政一一年（一八二八年）のことだった。この年、有

手前より、高橋景保の墓、仏像の奥が高橋至時の墓、その奥が伊能忠敬の墓。景保の墓と至時の墓の間には、文人画家・谷文晁と侠客・幡随院長兵衛の墓がある

名なシーボルト事件が勃発した。

事件はオランダ商館医として来日中のシーボルトが、離日に際して日本地図や蝦夷、樺太などの地図を持ち出そうとしたことが、幕府の捜索により発覚したものである。当時、外国への地図持ち出しは国禁だったため、シーボルトは国外退去と再来日禁止の処分を受けた。

さらにこれに協力したとして、彼と交友のあった多くの蘭学者が捕らえられた。とくに景保は、シーボルトから最新の地図や文献を譲ってもらった礼として日本地図などを贈っていたため、投獄されて厳しい詮議を受け、数カ月後に獄中死した。

その後、景保の亡骸は塩漬けにされ、翌年、あらためて死罪が申しわたされた。累は家族、親類、縁者にまで及んだ。

病死と獄死の差はあるものの、父子二代にわたって天文学に志し、ともに伊能忠敬の偉業を助け、ともに道半ばで倒れたことになる。

景保は重罪人だったため公儀をおもんぱかって墓はつくられなかった。だが、昭和になってからその非業の死を悼む有志の手で、浅草下谷の源空寺(げんくうじ)に墓が建てられた。この寺には父至時と伊能忠敬が葬られていたので、その傍(かたわら)にと選ばれたのである。

至時を終生の師と仰いでいた忠敬は、その最期にあたってこう遺言した。

自分が今あるのは、すべてわが師至時様のお蔭である。亡くなったら至時様と並べて葬るように、と。その指示に忠実に従い、父より立派な墓を建てさせたのは、ほかでもない景保だった。

今でも源空寺を訪れれば、至時・景保父子と忠敬の交わりの深さを示すように並ぶ三つの墓に出会えるだろう。

引力、重力、遠心力、動力、速力、真空……。物理学や宇宙を説明するのに使われるおなじみの科学用語である。こうした用語がなければ現代の物理学的世界像や宇宙像を理解することはほとんど不可能になる。

それほど重要な用語なのに、江戸時代中期まで日本語の語彙にはなかった。いずれもそれ以降に発明された新語だったのである。

言うまでもなく、当時の西洋にはそれらの概念をあらわす用語が存在した。一五世紀以降、西洋ではコペルニクス、ガリレオ、ケプラー、ニュートンなどによって新しい自然観や物質観が樹立されたが、それと用語の確立は並行していたからである。

江戸時代に発明された科学用語は、こうした用語の翻訳だった。では、発明ではなく単に翻訳と言えばよいのではないか。もっともな理屈だが、当時の日本では西洋の科学観は未紹介だったし、原語に相当する概念も存在しなかった。その中での翻訳作業は、まさしく言葉の発明と呼んでよいものだったのである。

さて、いったいその科学用語の発明者とは誰か。引力や重力という用語を発明し、最初に使った日本人とは誰だったのか。それは長崎通詞（つうじ）だった志筑忠雄（中野柳圃（りゅうほ））である。

通詞という言い方は聞き慣れないが、現代の通訳のことである。当時、外国との唯一の窓口だった長崎で代々通訳を家業としていたので、長崎通詞と呼ばれた。また、彼らが通訳した言語がオランダ語だったから、オランダ通詞とも呼ばれた。

しかし彼らは単なる通訳ではなかった。オランダ語を通して海外の文化や情報を受け入れ、あるいは日本の事情を外国に伝える洋学者であり、科学者であり、文化人であり、外交官でもあった。

忠雄はその中でも傑出した通詞だった。『長崎通詞ものがたり』という名著をあらわした杉本つとむ氏も、江戸時代三〇〇年を通じて最高の通詞をひとり選ぶなら、ためらうことなく志筑忠雄を挙げると絶賛している。

忠雄の業績はオランダ語学から博物学、自然科学まで幅広いが、科学に的を絞れば、西洋の科学思想、とりわけニュートン思想に日本人として最初に取り組み、それを高いレベルで理解したところにあるだろう。時代の限界による誤解もあるが、日本最初の科学者という評も決して大げさではない。

通詞から学者の道へ

志筑忠雄は宝暦一〇年（一七六〇年）、長崎の資産家である中野家に生まれ、稽古通詞志筑家の養子になった。稽古通詞とは要するに通訳の見習いである。

当時の通詞は語学が得意なら誰でもなれるという職業ではなかった。その身分は世襲制で、したがって通詞の子でない者が通詞になろうとすれば、通詞家の養子に入るしかなかったのである。

安永五年（一七七六年）には養父の跡を継いで通詞となるべく、稽古通詞となった。しかし彼が本格的に働いた期間は短く、翌年には病身を理由に御暇願いを出し、養子次三郎に跡を継がせた。

忠雄が早くに通詞の職を退いたのは、生来体が弱く、多病質だったからである。退職したのちは、本姓の中野姓にもどり柳圃と名乗った。病弱をあらわす「蒲柳の質」からとった自虐的な号だが、ここからもつねに病弱を自覚していたことがわかる。

辞職の理由については、ほかに会話が苦手（忠雄の弁によれば「口舌の不得手のため」）だったという説もあるが、真偽ははっきりしない。

いずれにしても以後の忠雄の歩みを見ると、どちらの理由も辞めるための口実だったように思える。生来、学究肌の忠雄は、わずらわしい仕事を避けて学問に専念したかったのだろう。杉田玄白の『蘭学事始』によれば、この頃、忠雄は語学の師でもある本木良永（もとき よしなが）から蘭学を学んだという。

本木は通詞のかたわら西洋の自然科学書を翻訳し、その知識を日本に持ち込んだ蘭学者の草分けである。とくにオランダ語の天文書の翻訳を通して、コペルニクスの地動説を最初に紹介した功績が大きい。ただしその内容は西洋の奇説として取り上げるにとどまり、天文学的な理解が及んでいたとは言いがたいものだったが。

忠雄が本木の薫陶を受けた期間は不明だが、その後は自宅にこもって、天文暦学とオランダ語学の研究に没頭した。そんな孤独な学究がニュートン科学にめざめたきっかけは、イギリスの自然哲学者ジョン・ケイル（キール）の著作に出会ったことだった。

ケイルはニュートンの信奉者であり、オクスフォードの教授としてニュートンの物理学を講じるとともに、多くの著作をあらわしてその啓蒙に努めたことで知られる。ラテン語で書かれた彼の著作はオランダの医師ヨハン・ルフロスによって翻訳され、日本に伝わった。それを読んだ若き通詞は、新しい自然観・世界観に目を開かれる思いがした。

ケイルの著作は自然哲学的で、物事の本源を解き明かしたいという強い意志に貫かれていた。その志向は忠雄の思索的性格とも合致していた。

忠雄が訳したケイルの著作には『天文管窺』『動学指南』『求力法論』『暦象新書』などがあるが、中でも代表的なのが『求力法論』と『暦象新書』の二著である。

ニュートン主義者誕生

ケイルの著書の紹介を生涯の仕事と定めた忠雄だったが、その試みは最初から困難に直面した。

忠雄の語学力に問題があったわけではない。彼の実力はオランダ語文法を徹底的に研究し、品詞の概念や動詞の時制などを明らかにし、文法用語を確立したことからもわかる。

その最高の通詞をして翻訳に困難をきたした理由は、第一に著作自体の難解さにあった。『求力法論』におけるケイルのもくろみは、光は微粒子からなるというニュートンの「光学」に基づいて、化学、電磁気、生体などの諸現象を、粒子間に働く力で統一的に説明することにあった。その試みは野心的だったが、当時は原子や微粒子に基づく化学自体まだ仮説段階にあったため、自然、ケイルの著作も難解なものになったのである。

第二の困難は、思想的な伝統や背景の差にあった。

前述のように、『求力法論』の基礎となったニュートンの光学には、固体である粒子と、その間に働く力の概念が基礎にあった。しかし当時の日本の物質観には粒子的な発想も、力学的な概念もなかった。西洋近代科学の根幹にある機械論的な自然観も見あたらなかった。

つまりニュートンの科学思想に相当する考えがまったく存在しなかったのである。

では、当時の日本人の自然観や物質観の基礎にある思想はなんだったのか。それはひとくちで言えば東洋的な「気の思想」だった。

東洋思想における気とは、宇宙に広がる不可視の流動体であり、万物の根源である。この気は陰陽に分かれており、凝固すれば五行説が説くような物質（木・火・土・金・水）になり、拡散すればふたたび流動体にもどる。気は物質に作用し、運動の原動力ともなる。つまり、すべての自然界の現象は気の働きによるというのが、その骨子だった。

忠雄はニュートンの物質観や自然観を、この気の思想によって理解しようとした。彼にとっては、分子の間に働く力も、重力も、大気圧も、原因は万物の根源である気のあらわれだった。こうして西洋と東洋を思想的につきあわせることで、自然界を統一的に解釈しようとしたのである。とは言え、流動的で連続的な気の概念には、不連続な固体である粒子の概念は含まれていない。そこから第三の困難が生じた。異質な概念ゆえ、対応する用語もまた存在しなかったのである。

この難路を忠雄はどう切り開いていったのか。

彼は対応する用語をまず古典や古文に求めた。忠雄の古典に対する造詣は、当時の国学の最高権威である本居宣長に対して堂々と異説を立てられるほどのレベルにあった。

時には中国の文献や仏教用語なども参照しながら、彼は自分が理解した概念にふさわしい用語をつくっていった。この翻訳で忠雄が発明した用語には、求力（引力）、万有求力（万有引力）、属子（分子）、真空、重力などがある。このうち重力は伝統的語彙にもないまったくの造語だった。それでもうまくいかない場合には、発音をカナで表記し、原語（本語）を並記した。

この周到な作業と卓越した語学力によって、享和二年（一八〇二年）、困難な翻訳はついに完成をみた。すなわち『暦象新書』三編である。その水準は、翻訳においても、ニュートン理解においても、後世の研究者を驚嘆させるほどのものだった。

それはまた、科学史家中山茂氏が言うように、東洋最初のニュートン主義者が誕生した瞬間でもあった。

独自の思索の深まり

忠雄のニュートン主義者としての実力を示す『暦象新書』は、ケイルの著作に注記を加えて著述したものである。この中で彼は、コペルニクスの地動説、ニュートンの作用・反作用の法則、万有引力の法則、慣性の法則、ケプラーの法則、楕円運動、真空、屈折の法則など、近代科学の主要な法則や概念について詳細に述べている。

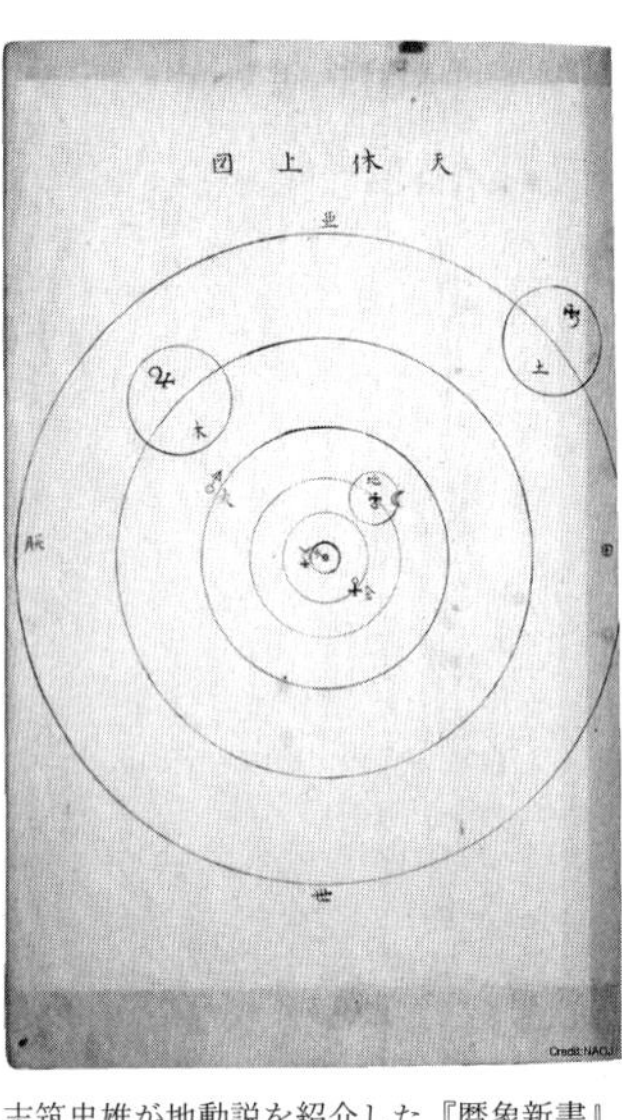

志筑忠雄が地動説を紹介した『暦象新書』の「天体上図」（国立天文台蔵）

本木の理解では不充分だった地動説も、論理的に地動説を否定する理由がないとして明快に打ちだしている。

『求力法論』で用いた訳語もより改良・洗練され、求力は「引力」に、属子は「分子」などに改められたうえに、さらに新しい用語もつけ加えられた。数学概念の説明では、「＋、－、÷、√」といった数学記号も初めて紹介している。

訳文には「忠雄曰く」として、随所に彼による補説が付されている。これを通して彼の思索の深まりをうかがうことができる。

前述のように東洋の自然哲学を土台に、西洋の科学思想を理解しようとした忠雄は、中国の古典「易経」を頂点に、気、陰陽五行説を階層的に配置し、五行とニュートン的物質を対応させた。地動説では、敬天を説く儒教的な観念との融和まで考えていた。

異質な思想に伝統的な思想をあてはめ、安易に同化するのは真の理解とは言えない。外国文化との衝突による異化作用こそ大事なのではないか――このような批判はたやすいだろう。
だが、重要なのは忠雄がニュートン思想を体系的に受容しようとしたという点である。蘭学を学んだ日本人は、ほぼ例外なく成果の吸収にのみ熱心で、学問の体系的理解まで考えが及ばなかった。しかし忠雄の思索的な性格はそれでは満足できなかった。彼はニュートン学の形而上学的基礎まで問わずにいられなかったのである。

原理的につきつめると、ニュートン思想にも形而上学が欠落していた。ニュートンの科学思想は神学的議論を脱するところから構築されたわけだから、これは当然だろう。だが、忠雄にはこの点が不満だったのである。

忠雄が知りたかったのは、引力はなぜ引力なのか、重力はなぜ重力なのか、つまりそのよってきたるゆえんだった。そして易を原理とする東洋的形而上学にその根拠を求めたのである。こうした思索は、強引なこじつけによる誤解や錯誤も生んだが、そこから重要な成果も生まれた。そのひとつが独創的な宇宙創成説である。

『暦象新書』の付録である「混沌分判図説（こんとんぶんぱんずせつ）」の中で忠雄はこう述べている。

「天地の初め語るにあらず、後世必ずこれを詳にする者あらん、或いは西人既に其説あらんも知らず。唯未だ聞かざると」

宇宙の始まりは誰も語っていないが、後世には必ず明らかとなるだろう。西洋には論じている者がいるかもしれないが、まだ聞いたことがない。というわけで、それならば自分がと意気込んだのか、忠雄は独自の太陽系起源説を唱えるにいたった。

忠雄によれば、原初の宇宙にはただ原始の気が均一に広がっているばかりだったが、やがてそこに不均一が生じ、気の塊が生まれた。その後、塊の中心部は自己の重力で収縮して恒星になり、外側は遠心力で離れて惑星になったという。

西洋の科学的宇宙創成説は、ドイツの哲学者カントが一七五五年に提出した星雲説が最初とされている。これは緩やかに回転しているガスと塵の塊が、冷えるにつれて収縮し、回転を速めながらガスを放出。ガスの環はしだいに球状にまとまって惑星となる一方、中心に残ったガスはさらに凝縮して太陽になったというもので、一七九六年に、フランスのラプラスが補説したためカント＝ラプラスの星雲説と呼ばれている。

塵が集まって塊となり、そこから惑星や恒星が生まれるという点では、忠雄の説と類似している。成立年代ではカント＝ラプラスが忠雄より早いが、彼がその説を知っていた可能性はないとされている。

カントらの説は太陽系の起源を科学的に論じた最初のものだが、当時の宇宙認識からすれば宇宙創成論と見てもよいだろう。忠雄による日本人初の科学的「宇宙論」が、そのような気宇壮大な試みだったとは愉快である。

しかしこの先駆的な試みはその後約一世紀の間、顧みられることがなかった。初めて取り上げたのは、夏目漱石の親友で、一高の初代校長だった思想家狩野亨吉(かのうこうきち)である。彼は一八九五年、「志筑忠雄の星気説」と題する論文を発表、『暦象新書』を「我国動学、物理学書の嚆矢(こうし)と認むるに足れり」と評価しつつ、忠雄説とカント＝ラプラス説との類似を初めて指摘したのだった。狩野の説は日本蘭学再評価の気運を生み出すと同時に、志筑忠雄という忘れられた鬼才を世に送り出すきっかけともなった。

ケンペルの鎖国論

忠雄の科学以外の訳業に目を向けてみると、一番有名なのは、享和元年(一八〇一年)に刊行したエンゲルベルト・ケンペルの『鎖国論』(一七二七年)の翻訳だろう。

ケンペルはドイツの博物学者・医師で、元禄時代に来日し、二年間にわたって日本研究に取り組んだ。帰国後、その体験をもとに日本紹介の書『廻国奇観』(一七一二年)を刊行した。さらにその死後、遺稿を集めて刊行されたのが『日本誌』で、当時のヨーロッパで広く愛読された。『鎖国論』はその巻末付録として、当時の日本がとっていた外交政策について論じた一文である。

「鎖国」については明治以降、ほぼ一貫して否定的価値観でとらえられてきたため、ケンペルの書も鎖国批判の書と誤解されがちである。しかしケンペルの論はそれとは真逆で、鎖国肯定論であり、「鎖国のすすめ」だった。

彼は幕府がとっている鎖国政策は、決して間違っていないとする。その政策は一般的には好ましくないが、日本の場合は内外の状況から考えて適切な選択だというのである。

外国との交易には戦争や侵略などの危険がともなう。日本には自立した経済とすぐれた文化があるのだから、あえてそのような危険を冒す必要はない。これがケンペルの論の骨子である。西洋の植民地主義と日本の事情を知悉するケンペルならではの見識と言えるだろう。

もうひとつ『鎖国論』で誤解されているのが、「鎖国」の語源である。この語はケンペルの創作と思われている。しかし彼の書には鎖国という概念はあっても、言葉自体はなかった。その言葉は忠雄が、訳出論文のタイトルとして考え出したものだった。

近年、鎖国という言葉は不適当で、貿易の制限を意味する「海禁」を使うべきだという議論がある。貿易が完全に閉ざされていたわけではなく、幕府にもその意識はなかったからだというのである。そのような議論も、忠雄の発明した鎖国という言葉の力ゆえだと言えるだろう。

ほかに『鎖国論』に登場する訳語では、「植民」も彼の発明である。

忠雄は「コーヒー」という言葉の紹介者ともなった。彼のもっとも早い著作である『万国管窺』は世界の地理、風俗などを博物学的に紹介したものだが、ここにはコーヒー豆が豆科の植物ではなく、木の実であることが正確に記されている。

人と交わるのが苦手な忠雄は生涯長崎を一歩も出ず、家にこもり、名利や栄達を求めず、文字どおり書に埋もれて蘭学の研究に没頭した。他の学者とほとんど交流をもたなかったため、その名が知られるのは遅かった。

しかし蘭学の興隆の中で、これほどの学者の存在が知られないわけはない。やがて長崎に志筑ありの声は江戸や京にも鳴り響くようになった。そして『解体新書』の大槻玄沢と玄幹の父子はじめ、多くの学者が彼の下を訪れるようになった。

玄幹は忠雄の弟子となり、江戸の蘭学界と忠雄をつなぐ役割を果たした。ほかにも吉雄権之助、馬場佐十郎らの弟子ができた。吉雄はシーボルトと親交があった通詞で、日本最初の英和辞典の編集にも携わった。馬場は語学の達人で、後に幕府天文方として翻訳にも活躍した。

しだいに高まる名声の中、市井の学者として貫き通した忠雄は、文化三年（一八〇六年）、四七歳でこの世を去った。その精励ぶりを証すように、生涯の著作は約四〇作に及んだ。その死後、弟子たちによって忠雄の学問は補充され、全国に広まっていった。

彼らの外国語研究のおかげで西洋の文化・情報の吸収は速まり、日本の近代化に大きく貢献した。しかし忠雄以降、西洋の科学思想に真正面から取り組んだ者は江戸期にはあらわれなかった。

明治以降も殖産興業や富国強兵を急ぐあまり、成果の吸収がもっぱらで、その土台にまで思いをはせる者は少なかった。まして自負心と気概をもって西洋思想と対峙した者となると、ほとんど見いだしがたい。

忠雄にとって翻訳とは単なる知識の置き換えや吸収ではなかった。陰陽五行説や気の思想を武器として、異質の思想と対峙したひとつの闘いだった。彼のニュートン力学や粒子論はこの格闘の中でかちとられたものだった。

西洋科学思想の受容というテーマは、本家があちらだけに知の西洋から無知の東洋へという一方的な議論に陥りやすい。受容する側にも独自の思想的伝統があり、自然観や物質観があったことはあまりかえりみられなかった。

その意味でわたしたちは、何度でも忠雄に返る必要があるのではないだろうか。

予ハ一箇の舌人ナルノミナレバ、僅ニ蘭書ノ大意ヲ解スルコトヲ得レドモ、浅見薄聞、和漢ノ典籍ニ暗ケレバ、如何ゾ、天文ノ何物タルコトヲ知ルニ足ランヤ　（忠雄）

橋本宗吉——日本電気学の祖

大坂に橋本宗吉といふ男あり。傘屋の紋をかくことを業として老親を養ひ、世を営めりと。不学なれど、生来奇才ある者故、見立て力を加へ、江戸へ下して玄沢の門に入れたり。

（杉田玄白『蘭学事始』）

大坂名物宗吉手妻

江戸時代後期の文化年間（一九世紀初め頃）、大坂の医師橋本宗吉は一風変わった手妻（手品）をすると評判だった。なにやらえたいの知れない器具から火花を出して焼酎に火をつけたかと思えば、とっくりから風を吹き出させたり、手をふれずに紙の人形を踊らせたりした。きわめつけは宗吉みずから「百人赫（おびえ）」と名づけた技である。

その日、会場の大広間には老若男女の客数十人が集まっていた。

「ええか、となりの人の手をきっちり握るんや」

宗吉は客を車座にさせ、互いに手をつながせた。

「そや、そや。一度握ったら親が死んでも放したらあかんえ。ほれ、そこが空いているがな。ひとりでも手を放したら、百人赫にならんさかいな。いいな」

「もういっぺんきくが、先生。ほんまに雷さんに、へそを取られることはないんやな」

「ああ、だいじょうぶや、わしがうけあうで。心配なら帯をしっかりしめて隠しとくんや。ほな、始めるさかいな」

そう言い残して宗吉はふすまの陰に入った。そしてなにやら怪しげな箱の前にすわった。

箱の上には三本の筒が突きだし、それが古い鉄砲の筒を利用した横筒を支えている。三本のうち右側二本の筒には鎖がつながれ、その先はふすまの引手金具に延びていた。ふすまの反対側の金具は、それぞれ座の先頭の者が握っていた。

それに続く客たちはみな、緊張と期待で声もなく待っている。

宗吉は箱の手前についている把手に手をかけ、それをくるくると回し始めた。かれこれ一〇〇回以上も回しただろうか。次いで、真ん中の筒に設置されている真鍮製の金具を動かして、左側の筒に近づけた。

「バチッ!」

とたんに金具と筒の間に小さな火花が飛んだ。

「うわっ!」

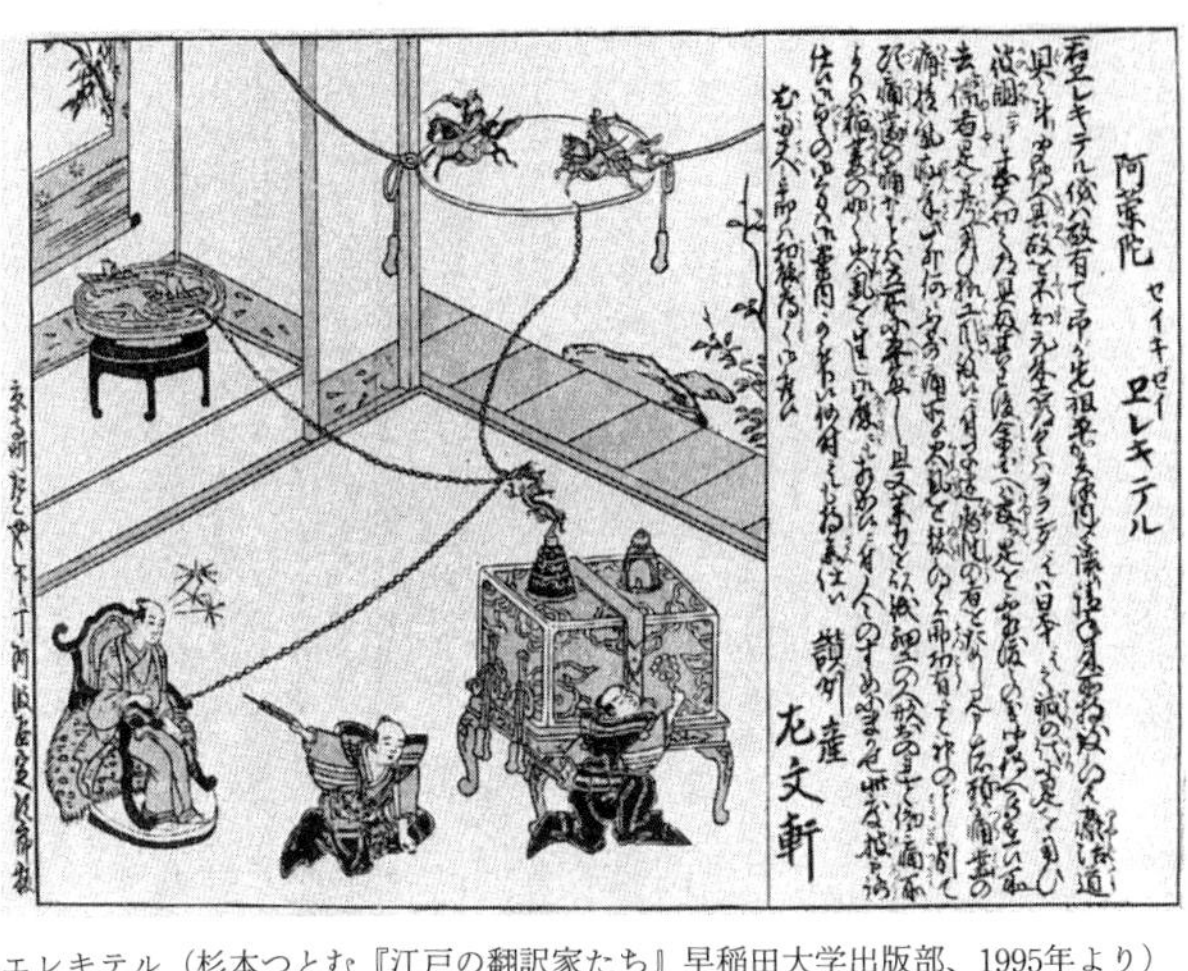

エレキテル（杉本つとむ『江戸の翻訳家たち』早稲田大学出版部、1995年より）

「ひゃっ」

同時にふすまの向こうで、いっせいに叫び声があがり、客がつないでいた手を放した。立ち上がる者、あたりを見回す者、そのままうしろにひっくり返る者もあった。誰もが驚き、呆れ、笑いあった。

場内騒然として興奮はいつまでもおさまらなかった。これが大坂名物「宗吉手妻」の一部始終である。

もうおわかりだろう。この手妻のたねはかのエレキテル。平賀源内でもおなじみの静電気発生装置である。宗吉のものは、源内の弟子だった森島中良の『紅毛雑話』を参考に、箱の上方に横たえた鉄砲の筒に帯電させ、真鍮の伝い金で導く方法をとった。スイッチも工夫し、性能も使い勝手も格段に向上していた。

記憶の天才

「わが国電気学の開祖」と称される橋本宗吉は、宝暦一三年（一七六三年）、大坂の傘の紋描き職人の家に生まれた。幼名は直政。号は曇斎（どんさい）。父は阿波国（徳島県）那賀（なか）郡荒田野（あらたの）村の郷士だったが、窮乏し、夜逃げ同然に大坂に出て、職人となった。その後も家は貧しく、宗吉は子供の頃から家業を手伝うようになる。

宗吉がほかの子供と違う特異な能力を示したのは、まだ母親におぶさっていた幼い頃だったという。

母親が用事で出かけた町で、宗吉はその背から見える店の看板を片端から記憶していった。家に帰ると、それを母親に全部おしえたのである。その記憶は正確で、まるで宗吉の頭の中に、町の錦絵が出来上がっているかのようだったという。

このエピソード自体は神童伝説の定番と言ってよいが、彼の記憶力がいかに非凡であったかの証左にはなるだろう。

宗吉の抜群の能力は、傘職人の仕事にも活かされた。一度見た紋様は決して忘れない。頭の中に紋様のデータベースがあるがごとく、それをいつでも引き出して使うことができた。そのうえ手先が器用で、物差しや定規やコンパスを使ってたくみに絵柄を描き、デザイン感覚もすぐれていた。

「嚢中(のうちゅう)の錐(きり)」という譬えもある。抜群の才能というのはおのずと表にあらわれるものである。やがて宗吉の職人としての腕と、非凡な知的能力は大坂の町に聞こえるようになった。

そんな宗吉の才能をいち早く認めたのが、知人で天文学者の間重富である。間は宗吉を天文塾「先事館」を開く麻田剛立に紹介した。その剛立や仲間の蘭学者から、学問を志す者の心構えについて説かれた宗吉は大いに感じるところがあったという。

それまでの宗吉の学問は好奇心のおもむくままの独学だった。しかしこれ以降、学問とはなにか、なにを目指すべきかを自らに問うようになったのである。

宗吉が本格的に学問の世界に飛び込むきっかけになったのは、蘭方医の小石元俊(げんしゅん)との出会いだった。

元俊は日本で最初に人体解剖を行った山脇東洋の孫弟子にあたり、剛立らとともに関西蘭学界のリーダー的存在だった。自ら人体解剖も行い、江戸に遊学した折りには、『解体新書』の杉田玄白、前野良沢や、大槻玄沢らとも親しく交わった。

元俊自身はオランダ語ができなかったので、蘭書を読み、翻訳できる人物を求めていた。しかしなかなか適材が見つからなかった。宗吉の稀有な能力を知った元俊は、これなら江戸でオランダ語を学べば、必ず上達するに違いないと確信した。そこで、かねて親交がある間重富に相談した。

　重富は町人学者と言っても、幕府天文方を上回る天文知識を誇り、伊能忠敬を指導したことでも知られる碩学である。宗吉の稀有な能力はすでに見抜いていたので、即座に同意した。

「ただ、問題はあれの家のことや」

　この時宗吉はすでに妻帯し、子ももうけていた。老いた両親も同居し、貧しい家計は宗吉が支えるしかなかった。おいそれと大坂を離れるわけにはいかなかったのである。

「よろしおます。家のことはわしがめんどうをみまひょ」

「そうか、およばずながら、わしも力になるつもりや」

　意見が一致したふたりは、早速、宗吉のもとを訪れた。江戸での蘭学修行は、学問に目覚めた宗吉には願ってもない話だったが、やはり気がかりなのは家のことだった。

「先生方のお話はようらけたまわりました。こんなわしのために、ありがたいこっちゃ。せやけども間先生、小石先生、わしには女房も、子もおるよって、こいつらを置いて江戸へ出ていくわけにはいきまへんのや」

　宗吉は苦しい胸の内を明かしたが、重富は説得をあきらめなかった。

「おまえの気持ちはようわかる。わしらが無理をいってるのは百も承知や。そやさかい小石先生とも相談して、費用はすべてわしらで工面させてもらうことにしたのや。おとうはんも、おかあはんも、お子たちも、きっちりめんどう見るさかい、心配せんといってきてえや」

「そや、大坂蘭学発展のためや、たのむさかいに、な、宗吉はん」

「そない言わはってもなあ、わしにはどうしてよいやら……」

宗吉は困って、部屋の隅に縮こまっている女房のお満を振り返った。

重富らの懸命の説得と、なにより本人の好奇心、向学心からついに宗吉は遊学を決意した。寛政二年(一七九〇年)、宗吉二七歳の時のことである。

江戸の科学ネットワーク

江戸にのぼった宗吉は、元俊と縁のある大槻玄沢の「芝蘭堂(しらんどう)」の門をたたいた。玄沢はオランダ語を『解体新書』のメンバーである前野良沢から学んでいたので、宗吉はその指導の下、語学習得に取り組み始めた。

元俊の見込んだ通り、宗吉の並はずれた記憶力は語学学習に抜群の威力を発揮、乾いた砂に水がしみ込むように未知の言葉を吸収していった。

かくして四カ月の遊学期間中に覚えた単語の数は、実に四万語。これには玄沢も、他の門弟たちも唖然とするほかなかった。学生時代、英単語の暗記で苦しめられた向きには、羨ましいほどの才能だろう。もちろん能力だけでなく、すさまじい努力と集中力が加われぱこそだっただろうが。

この遊学中、宗吉が知り合った蘭学者にかの杉田玄白がいた。玄白もまた宗吉の能力に感銘を受け、その精進を賞賛する文章を残している（『蘭学事始』）。

努力の甲斐あって宗吉は、宇田川玄真、稲村三伯、山村才助とともに玄沢門下の四天王と称されるまでになった。さらに勉学を続けたい思いはあったが、彼には前記のような長く家を空けられない事情があった。そこで師のお墨つきをもらって、間もなく大坂に帰った。

こうして宗吉の江戸修行は大きな実りを挙げたが、それを支えたのは江戸と大坂をまたぐ蘭学ネットワークの存在だった。

従来、江戸時代の蘭学者たちは、藩や身分の壁にはばまれて孤立し、互いに交流も少なかったと見られてきた。だが、宗吉の遊学の経緯をたどればわかるように、その見方は実態とはかけ離れている。宗吉を送り出した大坂の元俊は江戸の玄沢と交流があり、その玄沢は玄白らとともに江戸の蘭学サークルを形成していた。こうしたサークルは大坂や長崎にも存在し、手紙や書物による情報交換や人的交流を通じてつながっていた。

こうしたネットワークの結び目となったのが、江戸や大坂に開かれた蘭学塾である。そこには全国から向学心に燃えた若者が集まり、身分上下のへだたりなく学を修め、その成果を国に持ち帰った。帰郷後も師弟関係や学友との交流は続き、結果として全国的な蘭学者ネットワークが形成されていったのである。

帰坂後の宗吉は蘭方の医師として修行するかたわら、恩義のある元俊や重富のために、蘭書の翻訳に精を出した。

元俊のためには、わが国最初の体系的な西洋医学の紹介書となる『蘭科内外三法方典』を訳した。ここでいう三法とは、製薬、処方、治療の三つを指している。ほかに西洋医学の百科事典『西洋医事集成宝函』も翻訳するなど、西洋医科学の紹介に宗吉が果たした役割は大きかった。

また、重富のためには、天文・地理書『喎蘭(おらんだ)新訳地球全図』を翻訳・出版した。これはオランダの地図や地図帳を基に宗吉が作製したもので、東西両半球がひとつの図に収まっていた。日本人がつくった世界地図というと、この四年前に司馬江漢が作製した『地球全図』が最初で、宗吉のものはこれに次いだ。

こうして大坂では一頭地を抜く存在となった宗吉は、寛政九年（一七九八年）、安堂寺町、ついで車町に医院と蘭学塾を兼ねる「絲漢堂(しかんどう)」を開いた。宗吉はここで外科医師として治療にあたる一方、多くの門弟を集めて、蘭方医学と蘭学を広めた。主な弟子には伏屋素狄(ふせやそてき)、大矢尚斎(しょうさい)、各務文献(かがみぶんけん)、藤田顕蔵(けんぞう)、中天游(なかてんゆう)らがいる。

このうち蘭方医の中天游は、人格・識見ともにすぐれ、宗吉を助けて絲漢堂を盛り立てるとともに、自ら思々斎塾を開いて後進の指導に当たった。

宗吉の業績は蘭書の翻訳や、弟子の指導だけでなく、自ら西洋科学の実験的研究につとめたことが大きい。なかでもめざましかったのが電気学に関する業績だった。

エレキテル訳説

宗吉が電気学に目を開かれたのは平賀源内の影響だった。と言っても彼が江戸に遊学した頃には源内はすでに鬼籍に入っていたから、直接、薫陶を受けたわけではない。彼をよく知る玄沢や玄白から、人柄や業績について聞く機会があっただけである。

宗吉は若い頃、ある人からエレキテルを借りて実験したことがあった。その時は好奇心を満足させただけだったが、このたびは学問に志したあとだけに、源内が修理したというエレキテルに強く興味を惹かれた。それまでとくに専門と言ってなかった宗吉だが、これを機にいつかは電気学をと思い定めたのだった。

宗吉が最初に取り組んだのは、オランダ人ボイスが編纂した百科事典の電気学部分の翻訳だった。これを『エレキテル訳説』（刊行年不詳）として出版するのとあわせて検証実験も試みた。

実験に当たって宗吉は、持ち前の手先の器用さを活かして、エレキテルをはじめとする実験装置をほとんど自作した。これを使って、冒頭の「百人赫」などのほかにも、エレキテルの気で紙人形を踊らせる実験、エレキテルの火花で焼酎に火をつけ、たばこを吸う実験、カエルやネズミ、スズメなどを気絶させる実験、羅針盤の磁針が南北を指す磁力をエレキテルの力で失わせる実験など、数々の実験を行った。

ただ、その宗吉にしてひとつだけ取り組めなかった実験があった。それは、フランクリンの凧(たこ)あげ実験として有名な雷の誘導実験である。

一七五二年夏、フィラデルフィア州の印刷業者ベンジャミン・フランクリンは、平原の小屋から小さな凧をあげ、雷の電気をとらえるのに成功した。当時、電気の本質はまだ解明されておらず、雷についても電気かどうかの確証はなかった。フランクリンはそれを大胆かつ巧妙な実験で確認したのだった。

実験後、フランクリンはその発見を、建物や人命を落雷の被害から救う発明に結びつけようと考えた。そして考案されたのが避雷針である。

彼の避雷針は長い鉄棒を地面に突き立てたもので、それを家の屋根から二メートルほど高く突き出させる。これによって雷の電気は、家に落ちる代わりに鉄棒を伝って地面に流れるというわけである。避雷針の効果が確認されると、全米中の建物に設置されるようになった。

フランクリンの実験自体も西欧世界に広まり、電気学の発展に大きく寄与した。

宗吉は『エレキテル訳説』の中でフランクリンの実験を簡単に紹介しているが、ボイスの本が鉄の棒を立てて実験をしたと記述(おそらく凧が避雷針と混同され、誤って伝えられた)していたため、宗吉もこれに従っている。

さまざまな実験を試みた宗吉だが、この雷の実験に関しては自分で遂行する機会をえなかった。どうやらそれほど高い鉄棒を立てる手段を思いつかなかったらしい。

天の火を取ること

「ほほっ、やりおった、やりおったわ……」

宗吉は読んだばかりの手紙から目を離して、快哉を叫んだ。

「喜久太のやつ、ついにやりおったわい」

手紙は和泉熊取村（現在の大阪府熊取町）に住む弟子の中喜久太からのものだった。

喜久太は熊取でも有数の豪農で、無類の蘭学好きとして知られていた。宗吉の塾に入門した喜久太はますます蘭学に励み、師が果たせなかったフランクリンの実験を自力でやってみようと思い立った。そしてこれに見事成功したと、報告してきたのである。

「まあ、どないしはったん」

いつになく興奮している夫の姿を見て、女房の満が声をかけてきた。

「熊取の喜久太がな、ほら、あの喜久太や。あれがとうとう天の火をつかまえおったんや。ほんま、たいしたやっちゃで」

「まあ、天の火を」

「おそろしかったやろうに、よっぽど肝っ玉がすわっとんのやろ……」

喜久太の工夫は、鉄棒の代わりに庭の松の木を使うことだった。高さ四〇メートルもある巨木で、実験には不足はなかった。その高枝に桶のような装置を取りつけ、鉄線を下に垂らした。そして見事、雷の電気をとらえるのに成功したのである。

これで一区切りついたと思ったか、宗吉は一連の実験記録を二巻の書物にまとめあげた。これが日本初の実験電気学の書となる『阿蘭陀始制エレキテル究理原』である。喜久太の実験も、本文中に「泉州熊取谷にて天の火を取りたる図説」として収録されている。

『究理原』の成立は文化八年（一八一一年）頃だとされているが、宗吉の生前には出版されず、わずかに写本として伝わっただけである。幕府の蕃書和解御用（ばんしょわげごよう）の出版許可が下りなかったためだが、その理由についてはよくわかっていない。一説には例の「百人赫」が、世を惑わすバテレンの技として非難されたからだという。

これは憶測だが、真の理由は蕃書和解御用との関係にあったのではないだろうか。幕府の翻訳機関という立場からすれば、市井の蘭学者に先んじられるのは、おもしろくなかったにちがいない。もし本書が早い時期に世に出ていれば、わが国電気学の発展にどれほど貢献したことか。機会を逃したことが返す返すも惜しまれる。

宗吉の電気研究の真価は、なんと言ってもその実験科学精神にあった。

当時は西洋でも、エレキテルはもっぱら医療器具や見世物の道具と見なされていた。宗吉も手妻の道具として楽しみながら、同時にさまざまな電気実験も試みた。つまり彼は、それをすでに科学の実験装置として認識していたことになる。

己の目で、己の手で自然の仕組みを知ろうとする。この実証と実験の精神から、近代科学は生まれたのである。宗吉がわが国「電気学の祖」、「実験電気学の祖」と称されるゆえんである。もっとも実験の華々しさに比べると、理論の方はいささか心もとなかった。

当時、電気の本体に関する理論としては、一流体説と二流体説とが存在した。一流体説とは電気は一種類の流体からなり、その過剰と不足に応じて正負の電気となるという説で、一七五〇年に先のフランクリンが提唱した。一方、二流体説とは、フランスのデュ・フェーが一七三三年に唱えたもので、最初から正負二種類の流体を仮定するものである。いずれが正しいかは長い論争が行われてきたが、決着はついていなかった。

宗吉も『エレキテル訳説』の翻訳を通して、これらの理論についてはひと通り身につけていた。だが充分に消化できたとは言えず、摩擦電気の説明などでも誤解や説明不足が散見された。理論的にも陰陽五行説に基づいて、電気現象を陰陽の気の流入・流出によって説明するにとどまり、それ以上の発展はなかった。

これは宗吉の力量不足というよりも、もっぱら当時の蘭学事情によるだろう。平賀源内という先達はいたが、そこから日本の電気学研究が根づき、発展したわけではなかった。さすがの宗吉も、独力で電気学の理論を把握し、発展させるのは困難だったのである。

宗吉の実験電気学も後継者をえることができず、彼の死後、その学問はいったん途絶えてしまう。次に電気の研究に目が向くのは幕末であり、体系的な研究は明治まで待たなければならなかった。しかし、この孤立はかえって、宗吉が傑出していたことの証左になるだろう。

キリシタン事件

その指導力と情熱によって、宗吉の絲漢堂は繁栄の一途をたどった。門弟たちの成長も著しかった。しかし蘭学界で名を成す弟子もある中、才能がありながら志半ばで倒れた者もあった。

文政一〇年（一八二七年）の朝早く、大坂曾根崎（そねざき）新地（現在の大阪市北区）の医師藤田顕蔵の門前に、火事装束に身を包んだ奉行所の与力と配下の捕り方どもがあらわれた。

「藤田顕蔵はおるか。東町奉行所より御用の筋があってまいった」

捕り方のひとりが玄関の戸を激しくたたいて、来意を告げた。奥から着の身着のままの顕蔵があらわれると、与力が告げた。

「顕蔵じゃな。与力の大塩平八郎じゃ。キリシタンご禁制に背いたかどでただいまから家内の取り調べいたす。重々神妙にいたすように」

「わしにはなんのことやら……」

「えーい、問答無用」

大塩は顕蔵を押しのけて踏み込み、いっせいに家捜しを始めた。

ほどなく奥の部屋から呼ぶ声があがった。踏み込んだ与力の目に飛び込んできたのは、うずたかく積まれたご禁制の書物。大塩の目がみるみるつり上がった。

「このしれものめ。よもやおぬし、キリシタン書がご禁制であることを知らぬわけではあるまい」

顕蔵は医師としても、蘭学者としても期待の逸材だったが、蘭学に没頭するうち、キリスト教にも興味を抱くようになり、ご禁制のキリスト教関連書を集め始めた。一方この頃、京都で加持祈禱（かじきとう）で評判の者が、実はキリシタンだという噂が立った。それに反応したのが東町奉行所の与力大塩平八郎である。

平八郎は職務に忠実で、敏腕で聞こえていた。しかも陽明学を学んだ儒学者として、大のキリシタン嫌いでも知られていた。そこで内偵の上、関係者を一網打尽にしてしまった。

その逮捕者のひとりが拷問の苦しさに耐えかねて、顕蔵がキリシタンだと告げたのである。

それを受けて平八郎が踏み込むと、そこにはあってはならない書物の山が。怒り狂った与力は激しく顕蔵を責め立てた。

顕蔵は、自分はキリシタンではない、たんに西洋をよく知ろうとしているだけだと主張、いくら責められても頑として容疑を認めなかった。だが訴えは聞き入れられず、翌年、否認したまま磔の刑に処せられてしまった。

この際、平八郎の疑いの目は大坂の蘭学界全体に向けられた。そこで、今や大坂蘭学界のリーダーであり、顕蔵の師でもある宗吉を呼び出して詮議した。

日頃からエレキテルとかいうバテレンの邪法を使う輩として、宗吉の嫌疑は充分すぎるほどだった。これを取り調べる平八郎は大柄でがっしりしており、眼光あくまでも鋭利。並の男ならそれだけで震えあがってしまうだろう。しかも「小陽明」と呼ばれるほどの儒学者だったから、その追及は徹頭徹尾理詰めで鋭かった。

「先生はキリシタンについてどうお考えか」

「さあ、わしには神さんやほとけさんのことはようわかりまへん。わしが興味があるのは、それが人さんの役に立つかどうかだけですわ」

「ほう、キリシタンは役に立たんと」

「役に立つのか、立たんのか。それもわかりまへんのや。なにせ、この目で見たことがおまへんでな」

「では、蘭学はどのようなことに役立つのか」

「医者が病を治すには、ひとのからだの仕組みをよう知らんとあきまへん。漢方は五臓六腑がどこにあるかもしらんと、昔からの伝来を信じて、処方してきましたのや。いわば当てずっぽうでやってきましたのや。ところが蘭方は死人のからだを腑分けして、心臓がどこにあるやら、肝臓がどこにあるやら、この目でようたしかめてから治療します。そやさかい、よう治ります。医術は医者のためにあるのやない。民百姓のためにあるのとちがいますやろか。蘭方でよう治るものなら、漢方もそれにならえばええ。わしはそう思いますねん」

宗吉は、平八郎の厳しい尋問にも臆することなく、蘭学の効用についてたんたんと自説を開陳した。さすがの敏腕与力もそれ以上の追及をあきらめざるをえなかった。それどころか、実践的で人々の暮らしのために役立つものこそ価値があるという宗吉の考えは、陽明学者平八郎の日頃の信条と一致しており、そのため、むしろ共感せざるをえなかった。

ところでこの平八郎が、のちに歴史上有名なあの「大塩平八郎の乱」を起こして鎮圧され、逃亡後、自決したことはよくごぞんじだろう。

彼を決起に駆り立てたのは、天保の飢饉で疲弊した大坂庶民の窮状と、お上の無策に対する義憤だった。これからもわかるように、平八郎は人一倍正義感が強く、清廉潔白な人物だった。その硬骨漢が根っからのキリシタン嫌い、蘭学嫌いで、宗教弾圧と学問抑圧の先頭に立ったわけである。歴史というのは一筋縄ではいかないことがよくわかる。

キリシタン事件における厳しい処分は、蘭学者たちに衝撃を与え、蘭学界全体が大きなダメージを被った。悪いことは重なるもので、その翌年、かの「シーボルト事件」が勃発し、高橋景保ら多くの蘭学者が捕らえられ処分された。

宗吉はシーボルト来坂の折り、直接会っていたが、事件の当事者ではなかったためさほど厳しい取り調べを受けずにすんだ。

とは言え、これらの事件が大坂蘭学界に与えた影響はきわめて大きかった。宗吉は絲漢堂の維持が難しくなり、せっかく剛立、元俊、重富、宗吉らが点(とも)した蘭学の灯はほとんどかき消され、その後数十年の遅れを余儀なくされたのだった。

大坂蘭学の火は消えず

「先生、いらはりますか。今日は魚をお持ちしましたさかいに」

「おお、天游はんか。いつもすまんなあ」

ここは橋本家の台所。勝手知ったる他人の家で、その隅に持参した魚を置いたのは、弟子の中天游である。

晩年の宗吉はシーボルト事件の影響で、事実上、絲漢堂を閉鎖せざるをえなかった。長年連れ添った妻に先立たれ、後妻に迎えた幸もすでに亡くなっていた。生活も窮乏した。そんな宗吉を最後まで支えたのが弟子の天游だった。

蘭学に向ける幕府の目はまだ厳しく、累が及ぶのを恐れて、弟子たちの足もしだいに遠のいていった。だが剛毅な天游はそんなことなどおかまいなし。ひんぱんに出入りし、脳卒中を起こして身体が不自由になった師をよく面倒見続けた。

と言っても先に逝ったのは、宗吉より二〇も若い天游の方だった。天保六年（一八三五年）、天游は五三歳で突然倒れ、そのまま亡くなってしまった。老境で最愛の弟子に先立たれた宗吉の悲しみは深かった。

その翌年、宗吉は弟子のあとを追うように亡くなった。葬儀の参列者は少なく、大坂を、いや日本を代表する大学者にしてはまことに寂しいものだった。墓もつくられなかったが、これはやはり公儀をはばかったためだと思われる。

いったんは途絶えかけた大坂蘭学だが、その火は弟子の天游が懸命に守り、孫弟子の緒方洪庵によって継承、発展させられた。洪庵は有名な適塾を開き、福沢諭吉、大村益次郎などの逸材を育て、維新、明治と続く日本洋学の発展に大きく貢献した。そのルーツとなったという意味でも、宗吉の功績は多大なものがあっただろう。

大坂の傘紋描き職人から身を起こした宗吉は、たゆまぬ努力でついには「日本電気学の祖」、

「大坂蘭学の祖」とあがめられるまでになった。その生涯は、時代も分野も異なるが、どこか同じ大阪出身の将棋棋士、阪田三吉をほうふつさせるものがある。

小説や映画にも取り上げられた三吉は、無学な職人だったが、ひたむきに将棋を指し続け、やがて名人をうかがうほどの将棋指しになった。そして、なにがなんでも勝たねばならないという決意で上京し、遂に時の関根名人を打ち負かした。その後、関西名人を名乗り、大阪棋界の発展に尽くした。

宗吉も学問を愛し、江戸に討ち入るほどの覚悟で上京し、一心に蘭学や語学に取り組み、江戸の蘭学者たちを驚嘆させた。帰坂してからは電気の実証的研究に打ち込み、大坂蘭学を日本の蘭学にまで発展させた。そこには三吉と共通する反骨精神、そして庶民的な実学精神や実証精神が息づいているように思える。

宗吉の墓は、現在、大正時代に有志によって建造されたものが大阪天王寺の念仏寺にある。墓碑銘は「曇斎橋本先生之墓」。著者としては、その横に関西蘭学名人の称号も書き加えたい気がするが、これは一将棋ファンの勝手な思いだろうか。

第二章　江戸科学のスーパースター

関孝和――江戸の数学を世界レベルにした天才

独学で大成した天才

　歴史に残る大数学者と言えば西洋の数学者と相場が決まっている。古代ギリシアのピタゴラス、ユークリッド、アルキメデス、一七世紀のデカルト、ニュートン、ライプニッツ、一八世紀のガウス、一九世紀のリーマン。少し広げれば、ガロア、アーベル、オイラー、フェルマー、カントール、ポアンカレなどの名も挙がるだろう。

　しかしそこに日本の数学者の名が並べられることはまずない。これはわが国の数学が明治以降、西洋数学（洋算）の影響下に発展したことを考えれば、仕方がないところだろう。とは言え、日本にも西洋の数学者に匹敵するすぐれた数学者が存在しなかったわけではない。その筆頭がニュートンとほぼ同時代に活躍した和算の大家関孝和である。

　和算とは江戸期の日本に独自に発達した数学で、記号を使って高度な代数や幾何を解くという点では洋算と変わらなかった。また、そのレベルも同時代の西洋の数学と肩を並べるほどだった。その発展の立役者となったのが孝和である。

孝和の研究でよく知られているのが円周率の計算である。孝和は正一三万一〇七二角形を使い、円周率を小数点以下一〇桁まで求めた。連立方程式の解を求める公式をつくる過程で発見した行列式は、ヨーロッパに先駆ける発見だった。

n次方程式の近似的な解を求める方法の考案、ベルヌーイ数（分数の級数）の発見、円理（円に関する計算）の創始など、いずれも当時の西洋の研究水準と比べて遜色（そんしょく）ないものだった。

これほどの業績を挙げた関孝和とはどのような人物だったのだろうか。その探究はしかし、ひとつの大きな壁に直面する。それは孝和に関する資料、とくにその生涯に関する資料がきわめて乏しいことである。その結果、彼の経歴にはいまだに多くの謎が残されている。

第一の謎はその生年である。

孝和が幕臣内山永明の次男として寛永年間に生まれたこと、没年が宝永五年（一七〇八年）であったことは資料からはっきりしている。ところが肝腎の生年が、寛永一四年（一六三七年）と寛永一九年（一六四二年）の二説あって、どちらとも特定できていないのである。その関連で誕生の地も上州藤岡と江戸小石川の二説があってやはり特定できていない。

このように基本的事実からあいまいな理由のひとつは、一般的に当時の幕臣に関する資料がほとんどないことにある。とくに孝和の場合は、のちに述べるように養子新七郎の不行状により関家が断絶してしまったことも大きいとされている。

残された乏しい資料を精査した和算研究者佐藤賢一氏は、一六三〇年代から一六五〇年代までに生まれた、という幅広い可能性を指摘している。この議論は説得力があるが、ここでは混乱を避けるため通説に従って一六四〇年頃生まれとしておくことにする。

孝和には兄がひとり、弟がふたりいた。幼名は新助。長じて甲府藩勘定役を務める関五郎左衛門の養子となった。縁組みの時期も理由も明らかではないが、当時は家督を継げない次男以降の男子が養子に入るのは珍しくなかった。孝和も関孝和となったおかげで、養父の跡を継いで出仕、三代将軍家光の三男で甲府宰相と呼ばれた徳川綱重（つなしげ）に仕えた。

数学の興隆と孝和

孝和について、生年や生地のほかに研究者を悩ませているのが、彼がいつ、いかにして数学をまなんだかという点である。幼くして大人の計算の誤りを指摘するなど、早くから数理に目覚めたことは間違いないが、直接のきっかけは吉田光由（みつよし）の『塵劫記（じんこうき）』（一六二七年）を読んだことだとされている。

『塵劫記』は光由が中国の『算法統宗（さんぽうとうそう）』（一五九二年）をもとに編纂した和算の入門書である。

ここで和算の歴史を少したどれば、中国で発達した数学が日本にはいってきたのは飛鳥時代だとされている。この時代、すでに官職として置かれた算博士（さんはかせ）が、実用数学と理論数学を研究し、また数学教育の任にあたったたという記録が残されている。

室町時代には中国からソロバンが伝来、これが改良されながら独自の発展を遂げた。戦国時代になると、武将たちの中に戦や財政の必要から、数理に明るい者を重用する傾向が見られるようになった。

その数理への要請が和算として確立するのは江戸時代になってからである。

戦国の世が終わると、失職した武士の中にはソロバン塾で生計を立てる者が出たり、藩士にも経理に強い者が登用されるなど、和算発展の気運が生まれた。これを後押ししたのが江戸の経済的成長だった。

徳川政権の下で太平の世が実現すると、大規模な新田開発や鉱山開発によって農業や産業が発展し、生産力の増大と富の蓄積がもたらされた。また商品経済（貨幣経済）の進展により商業や流通業が盛んになり、都市に人口が流入して、江戸や大坂が世界有数の大都市に成長していった。

経済の発展は為替、手形、簿記などの金融システムや会計システムを発達させ、加えて農業、鉱業、建築（築城）、水利・治水といった実学の興隆が、さまざまな場面で数理や計算の必要性を増大させていった。こうした中でソロバンや和算の入門書としてベストセラーになったのが、光由の『塵劫記』だったのである。

内容は一、十、百、千、万といった数の桁の名称、面積の単位、掛け算九九といった基礎的な知識のほか、面積の求め方、物の売り買い、両替、検地といった実用問題が図とともに掲載され、生活に必要な算術知識がほぼ網羅されていた。継子立て、ねずみ算などの数学遊びも豊富で、孝和が夢中になって解いたことが想像される。

こうして数学のおもしろさに目覚めた孝和だが、その後はとくに師にはつかず、書物を通して独自に研鑽を積んでいった。

とくに大きな影響を受けたのは、中国から伝わった数学書『算学啓蒙』（一二九九年）と『楊輝算法』（一二七四―七五年）だった。このうち朱世傑が著した『算学啓蒙』によって最初に天元術にふれたというのが通説である。

傍書法から記号代数学へ

天元術とは、算木や算盤などの計算具を使う中国発祥の代数学のことである。算木には正数をあらわす赤い算木と、負数をあらわす黒い算木の二種類がある。これを算盤と呼ばれるマス目を書いた紙や布の上に並べ、その組み合わせで高次の代数方程式を解くことができた。

孝和は『算学啓蒙』を熟読し、天元術を完全に理解した。その理解のレベルは、もうひとつの数学書『楊輝算法』の朝鮮版本を書写した際に、その乱丁を正しく訂正できたことからもわかる。

しかし『算学啓蒙』の天元術には大きな制約があった。高次と言っても取り扱えるのは未知数がひとつの整式のみで、しかも係数が数字の数式（たとえば$3x^2+5x-22=0$のような）に限られた。この限界は算木による方法の限界だと悟った孝和は、一般の整式もあらわせる独自の方法を考案した。それは算木の配列をそのまま紙に筆写し、式の係数に文字を付記することだった。

この表記法は「傍書法」とよばれ、等号やプラス記号こそなかったが、現代数学の記号法に通じるものだった。傍書法に基づいて開発された計算法が「演段法」である。これは「配置」という一種の補助数を使い、その後、この補助数を消去して文字係数の方程式をつくる方法だった。

傍書法と演段法によって、算木では不可能だった文字係数の高次多元方程式に関する計算が初めて可能になった。この記号的代数学の体系は、のちに「点竄術（てんざんじゅつ）」と総称されるようになった。点竄術の威力は次のようなエピソードからも証明される。

当時の代表的な数学書である沢口一之（かずゆき）の『古今算法記』（一六七一年）の巻末には、天元術では解法がないとされる一五の問題（遺題）が載せられていた。後世の研究者のために問題を提供するこの遺題という方法は、『塵劫記』から始まり、各地の数学愛好者の挑戦意欲を刺激し

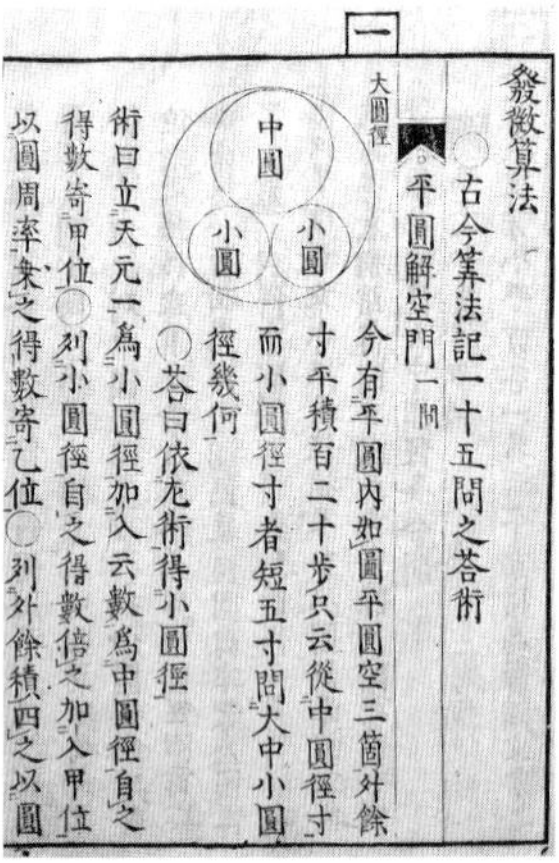
發微算法
一
○古今算法記一十五問之荅術
平圓解空門 一問
今有平圓内如圖平圓空三箇外餘寸平積百二十歩只云從中圓徑寸而小圓徑寸者短五寸問大中小圓徑幾何
○荅曰依左術得小圓徑
術曰立天元一爲小圓徑加入云數爲中圓徑自之得數寄甲位○列小圓徑自之得數倍之加入甲位以圓周率乗之得數寄乙位○列外餘積四之以圓

関孝和『発微算法』冒頭（日本学士院蔵）

た。これが和算のレベルアップに貢献した役割は大きかった。

『古今算法記』の遺題は難問ぞろいで、解くためには新しい数学が必要だった。孝和はこれを傍書法と演段法を駆使して次々に解いていった。こうして日本の数学は中国の数学から抜け出して、独自の数学――和算への道を歩み出したのである。

孝和による算木から記号への転換の意味はもうひとつあった。それは筆算革命とも呼ぶべき方法の転換だった。数学は他の科学と違って、紙と鉛筆さえあればできる学問だとよく言われる。現代では理論や証明にコンピュータが活用される場面もあるが、今も多くの数学者が紙に鉛筆で数字を書き殴りながら、新しい証明の発見に挑んでいる。その王道は彼の革命によって開かれたと言ってよい。

孝和はこうした成果を延宝二年（一六七四年）、『発微算法』という書にあらわした。これが生前発刊された唯一の著書となった。

孝和の新しい数学は彼の弟子や理解者からは崇拝されたが、出る杭は打たれるのたとえもある。その擡頭を苦々しく思う和算家たちは、孝和の解法はでたらめで、答えは間違いばかりだと非難した。また、その業績は中国の数学書の丸写しであり、しかも、それを他人に知られないよう書籍は焼却してしまったのだと指弾した。

だが、これはまったくの言いがかりだった。孝和の解法や解答が正しかったのはもちろんのこと、彼が参考にした数学書も、当時、入手不可能なものではなかったからである。

世界的水準の研究

孝和の研究は多岐にわたるが、そのひとつは円周率の計算である。

円周率を求める方法はアルキメデスの時代から知られていた。その方法は円に内接する正多角形の角数を徐々にふやしていき、その辺の長さを計算して、近似するというものだった。

アルキメデスは正九六角形を使って三・一四という数字をえた。孝和も同様な方法で正一三万一〇七二角形の辺の長さを計算、これにエイトケン加速法（孝和はこれを「増約の法」と呼んだ）という計算方法を加えて、円周率を小数点以下一〇桁まで正確に求めた。そして円周率をあらわす近似分数として三五五／一一三を示した。

孝和が他の和算家と異なっていたのは、彼らが数学を単なる解法として用いたのに対し、その根底にある一般論の研究を深めたことである。

方程式については、問題の性質によって解見題、解隠題、解伏題と分類し、それぞれ解法を示した。

解見題とは算術計算で解ける問題、解隠題とは未知数が一個の方程式で解ける問題、解伏題とは、二つ以上の方程式（連立方程式）を解いて初めて答えを求められる問題である。この解法のために孝和が考案したのが、「交式」と「斜乗」からなる行列式の展開だった。

行列式とは数を縦横に並べた行列に対する計算方法（展開式）で、孝和はこれをふたつの変数を含む二つの方程式から、未知数を消去する過程で発見したと言われている。その計算法は孝和が著した『解伏題之法』（一六八三年）に示されている。

行列式は西洋数学では、ドイツのライプニッツが一六九三年に導入したのが最初だったとされているが、孝和の発見はこれに約一〇年先駆けるものだった。

のちに孝和の解法は三次の行列式までは正しかったが、四次以上には誤りがあることが判明した。しかしこれによって独力で行列式を開拓した孝和の業績が損なわれることはないだろう。

さらに前出『楊輝算法』にヒントをえて、高次方程式の近似的な解を求める解法（ホーナー法）も考案した。イギリスの数学者ウィリアム・ホーナーが同じ解法を発見したのは一九世紀初めで、孝和は同等の解法を一世紀以上早く示していたことになる。

孝和はいわゆる「円理」の創建にも貢献した。円理とは前出の円周率や円弧の研究から発展した和算の一分野で、孝和以降の発展によって三角関数や積分、無限級数などが扱われるようになった。

また彼の死後、刊行された『概括算法』(一七一二年)には、フランスのヤコブ・ベルヌーイが発見したベルヌーイ数(分数の級数)が示されている。両者はほぼ同時期の発見だったため、この級数は「関・ベルヌーイ数」と呼ばれることもある。これ以外にも数多くの先駆的発見を行った。

多彩な業績

好奇心旺盛な孝和は、数学だけでなく天文学、暦学、測量学から機械仕掛け(からくり)などにも関心をもち、その才能を多方面で発揮した。

暦学では改暦の研究が知られている。それ以前の約八百年間にわたって使われてきた宣明暦は、この頃には誤差が大きくなって使いものにならなくなっていた。これを改めるため、徳川家宣(徳川綱豊)は新しい暦の制定を孝和に命じた。

最初の主君綱重亡き後、孝和はその子綱豊に仕え、綱豊が六代将軍として江戸城に入ると、随(したが)って江戸詰めとなった。その後は勘定畑を歩んで勘定方吟味役にまで出世していた。

主君の命とあって、孝和は一大決心をし、中国の「授時暦(じゅじれき)」を参考に暦学を数学で基礎固めする作業からとりかかった。孝和の研究は大きな成果を挙げたが、その徹底性ゆえに作業の進行自体は遅れた。

この時、孝和のライバルとなったのが、天文学者渋川春海（二世安井算哲(さんてつ)）である。碁の家元（碁所家）に生まれた春海は、授時暦を日本向けに修正した暦「大和暦」をいち早く完成させた。彼の暦は理論的には孝和に劣ったが、碁を通して諸大名との間につちかった政治力も駆使しながら、貞享暦として採用させるのに成功した。

主君の命を果たせなかった孝和の落胆は大きく、それが彼の数学研究を衰退させたとも言われている。

孝和が機械仕掛けにもたけていたことを示すのが、江戸城内のからくり時計修理にまつわるエピソードである。中国渡来のこの時計には、一定時ごとに中国人形がはしごを登って鐘をたたくという仕掛けが施されていた。しかしこの頃には壊れ、お抱えの時計師も誰ひとり修理できないまま放っておかれていた。これを聞いた孝和は修理を申し出て、苦心の末、見事修理を成し遂げたという。ここには西洋のパスカルやライプニッツなどと同じ、数理と技術の幸福な結婚が見られるだろう。

このほか江戸から甲府へ赴く途次、駕籠(かご)の中から見た地形を絵図に詳しく記録して甲府公に献上したとか、江戸城内にあった伽羅(きゃら)の香木を、さまざまな重さに正確に切り分けるよう命じられ、その場で線を引いて返すと、寸分の狂いもなく切り分けられたといったエピソードなども伝えられている。

よみがえる和算の開祖

孝和の偉業は集まった多くの弟子によって、「関流」和算として継承、発展させられた。なかでも真の後継者と呼ばれるのにふさわしいのが建部賢弘である。

年少の頃から兄賢明(かたあきら)とともに数学を学び始めた賢弘は、若くして孝和の門をたたき、たちまちその才能を開花させた。彼の業績はスイスの数学者オイラーに先駆けて円周率πを求める公式を発見したり、円理を発展させて円周率を四一桁まで求めるなど、師と同様、世界的なものだった。この優秀な弟子たちをえて、晩年の孝和の仕事は彼らとの共同作業が多くなった。

賢弘の業績のひとつが、兄と協力して孝和の数学を伝える数学書を編集・刊行したことである。貞享二年(一六八五年)には孝和の主著『発微算法』を補う『発微算法演段諺解(げんかい)』を上梓している。

『発微算法』が画期的な数学書であることはすでに述べたが、難点は不親切でわかりにくいことだった。傍書法や演段法の説明すらなかった。師の偉業を伝えたいと願う賢弘は、これに詳細な注を施して刊行した。

この時、賢弘は弱冠二一歳だったというからその早熟ぶりには驚く。その後も数多くの著書の刊行に携わった。賢弘はのちにわが師を讃えて、「解伏題の法則（行列式）」をつくった関孝和は、まさに神と言うべきだろうと述べている。

幾多の業績を残し、「算聖」とうたわれた関孝和も、最晩年は病気がちで思うように研究に専念できなくなった。そして宝永五年（一七〇八年）、病のため亡くなった。

弟子には恵まれた孝和だったが、家族運には恵まれなかった。孝和の家族に関する資料は、現在ほとんど残されていない。かろうじて過去帳などから、遅く結婚し、四〇代でふたりの娘をもうけたこと、不幸にも長女は幼少期に、次女は一〇代半ばで夭折したことなどがわかるのみである。この問題には冒頭でもふれたように養子の不行跡が関与していた。

跡継ぎがいない関家は弟永行の息子新七郎を養子に迎えた。孝和の死により家督を相続した新七郎は、甲府勤番士として赴任した。

この職は元来、藩の出世コースだったが、その要職に赴任して一一年目、関家の命運を左右する大事件が勃発した。

警備のため新七郎が城中に宿直していた間に、金庫から大金が盗まれてしまったのである。しかも悪いことに、事件の捜査過程で、彼がお役目をさぼって他の番士と博打に興じていたことが露見してしまった。当然、重い処分を科せられ、関家は断絶となった。その際、孝和に関する資料も没収され、散逸してしまったのである。

孝和の死後、彼の開拓した和算は弟子たちによってさらに高度に発展させられ、江戸和算の全盛期が築かれた。

こうした隆盛の反映が日本独自の算額の風習である。額や絵馬に数学の解法を記して、神社などに奉納する算額は、問題が解けたことへの神仏に対する感謝のしるしと、勉学への誓いだったと考えられている。

しかしその和算も、明治期になると洋算が主流となり、しだいに衰退していった。

江戸期には世界的な水準にあった和算がなぜ表舞台から消えたのだろうか。江戸後期には和算の進歩もいささか停滞したが、決して全体のレベルが劣ったわけではないのに。

直接の理由は、明治五年（一八七二年）に制定された学制で、初等教育の数学に西洋数学が採用されたことにあった。数学は科学・技術の柱であり、西洋の科学・技術を導入するなら、洋算を用いるほうが合理的だと判断されたのである。鹿鳴館に代表される欧化政策・欧化主義の下で、和算もまた洋算という文化の勢いに押し流されてしまったのだった。

とは言え、洋算の教科書作成には和算家の協力が大きかったし、その普及にも和算家が一役買った。これをもって、和算文化が維新を超えて伝達されたあかしと見ることもできるだろう。

数学好きの日本人

洋算の興隆につれて、孝和の業績も一部の研究者を除いて忘れられていった。

その孝和が戦前の一時期、にわかに復活したことがあった。皮肉なことに、国粋主義的な風潮のなかで、世界に誇る大数学者として小学校の教科書に紹介されたのである。こうした評価には我田引水的な過大評価も含まれていたが、孝和の数学が世界的レベルにあったことは否定しえない。

かつては、日本には世界的な数学者は存在しなかったというのが通説になっていた。その理由は、公理から説き起こして、抽象的な思考を厳密に進めるという思考スタイルが、日本人には適さないからだと言われてきた。また日本ではソロバンが発達し、計算に重きが置かれたため、数学が理論的に発展しなかったという説もあった。しかしこれらの議論は偏っているのみならず、前提からして間違っている。

日本には関孝和も、建部賢弘もいた。ほかにも優れた和算家を輩出した。江戸期には庶民のための数学入門書がベストセラーになり、全国に数学塾が開かれ、西洋とほぼ同等の記号による数学が隆盛をきわめた。

日本人は決して数学が嫌いなわけでも、数学的思考が苦手なわけでもなかったのである。むしろ世界的に見れば、インド人やアラブ人に劣らず数学好きな国民だった。こうした認識は、今後の数学教育を考えるうえでも大きなヒントになるのではないだろうか。

孝和に正当な評価を与える試みは戦後発展したが、その業績には未解明の部分も多い。傍書法は彼ひとりで開拓したものか、その過程で西洋数学の影響はなかったのか。それらを含めて鎖国時代の日本を代表する知性の業績解明は、抽象的、論理的思考の極みであるその学問を通して、日本人の思考の歴史まで射抜くものになるはずである。

平賀源内――産業技術社会を先取りした自由人

「なんと、源内殿が……」

「はい、昨夜、伝馬町の牢内でお亡くなりになられたと」

その一報を聞いた杉田玄白の悲哀は深かった。若い頃から親しく交わり、『解体新書』の刊行にも協力してくれたあの才人平賀源内が獄中死したというのである。

その一カ月ほど前、彼は人をあやめたとして奉行所に自首していた。それも玄白にとっては文字どおり青天の霹靂（へきれき）だった。晩年の源内は奇行があり、癇癪（かんしゃく）を起こすことも多かったが、まさか人殺しまでとは思いもよらなかったからである。

その上、獄中で人生を閉じるとは。いかに自由を愛し、風狂人を自任した男でも、あまりに惨めな最期ではないか。

源内の亡骸（なきがら）は妹婿に引きわたされ、葬儀が友人、門人の手で営まれた。その後、玄白の尽力で浅草の総泉寺に墓碑が建てられた。そこには友人の死を悼む蘭学者の心情が次のように刻まれていた。

「嗟(ああ) 非常ノ人、非常ノ事ヲ好ミ、行ヒ是レ非常、何ゾ非常ニ死スルヤ」

「非常の人」、源内をあらわすにこれほどふさわしい呼び名はなかっただろう。
博物学者であり、鉱山技師であり、電気学者、化学者、起業家、イベントプランナー、技術コンサルタントであり、日本最初の西洋画家であり、ベストセラー小説『風流志道軒伝(ふうりゅうしどうけんでん)』や人気戯作『神霊矢口渡(しんれいやぐちのわたし)』の作者であり、「本日丑(うし)の日」で知られる日本最初のコピーライターでもあった。

平賀源内の肖像画（木村黙老『戯作者考補遺』より／慶應義塾図書館蔵）

いずれの分野でも先駆的な業績を残し、最後は殺人者として獄中死する。
凡人には目がくらむような、華々しく、常ならざる人生である。しかしてその非常さゆえに、彼の評価は生前から揺れ動き、今も定まっていない。
ある者は、山師といい、ある者は余りの多才ゆえにまとまった業績を残せなかったと才能の浪費を惜しむ。ある者は早すぎた近代人と呼び、また、偉大な万能人としてレオナルド・ダ・ヴィンチと、大発明家としてエジソンと並び称す。この評価の多様さがそのまま源内という人物の多才さと結びつく。

しかし、変幻自在、八面六臂（はちめんろっぴ）の人生をまるごと捕捉しようとすると、かえって目を欺（あざむ）かれかねない。ここでは、本書の趣旨に沿って、彼の科学的業績に焦点を合わせながらその人となりを見ていくことにしよう。

志度の天狗小僧

「これが今評判の御神酒天神かいの。そやけど、なんちゃ変わったところはないけんどな」
「そや、よう描けた天神様やけども、ちっとも変わらんけん」
「なっ、そやろ」

ここは讃岐高松藩士白石茂左衛門宅の一室。数人の客が床の間に掛けられた天神様の掛け軸を珍しそうにのぞき込んでいる。かたわらに座って大人たちの話を聞いていた少年が、天神様の使いのような調子で告げた。

「御神酒をあげまい」

少年に言われるまま客のひとりが掛け軸の前に徳利を供えた。するとどうだろう。酒が回ったように天神様の顔がみるみる赤くなっていくではないか。

「ほんまに赤うなったけん」

「すごかー、源内はんはほんに天狗のようやの。天狗小僧やの……」

「ほんまや、天狗小僧や」

「おおっ」

「なんとかー」


平賀源内が生まれたのは、江戸中期の享保一三年（一七二八年）である。「暴れん坊将軍」八代徳川吉宗の治世だった。

生地は讃岐国寒川郡志度浦、現在の香川県さぬき市志度である。父の白石茂左衛門は高松藩の御米蔵番を務める下級武士だった。

幼い頃から利発だった源内はさまざまなからくりを工夫して、家人や村の者たちを驚かせたという。なかでも、御神酒を供えると天神様の顔が赤く変わる「御神酒天神」の掛け軸は大人たちを驚嘆させ、いつしか「天狗小僧」と異名をとるようになった。

一三歳になると、藩内の儒者のもとで儒学、藩医のもとで本草学を学んだ。

本草学とは薬になる植物や鉱物を研究する薬物学で、もともと中国で発達した学問だった。

日本に入ってからは、生物や鉱物の収集、分類を含む博物学的色彩をもつようになり、やがて全国各地に普及していった。珍しい事物にふれる機会の多いその学問は、好奇心旺盛な源内にはうってつけだった。

寛延二年（一七四九年）、源内が二一歳の時、父の死により家督を継いで御米蔵番として出仕した。この時、姓を先祖の姓である平賀に改めた。同じ頃、藩の薬園の御薬坊主の下役として登用されるなど、若き本草学者のスタートは順調だった。

家督を継いでから三年後、源内の将来にとって決定的な出来事が起こる。藩に出した長崎遊学の願いが認められたのである。

この頃はようやく蘭学が盛んになり始めたとは言え、長崎への遊学などまだ珍しかった時代である。しかも身分の低い一藩士がそのような申し出をするとは、相当に大胆な行動と言えるだろう。だが若き源内の旺盛な好奇心と進取の気性は、じかに「西洋」とぶつからずにはすまなかったのである。

源内にとって幸運だったのは、藩主松平頼恭（よりたか）が高松藩中興の祖とうたわれた名君で、本草学にも強い関心をもっていたことである。頼恭が絵師につくらせた『衆鱗図』などの博物図譜はその精緻（せいち）な描写によって、江戸時代を代表する博物図譜と評されている。源内の破格の遊学が認められた背景には、この主君の内命もあったのではないかと推測されている。

この遊学で源内がなにを学んだかという資料は伝わっていない。しかし約一年の間に、持ち前の旺盛な好奇心で、西洋の知識を貪欲に吸収したことは間違いないだろう。それによって西洋に対する想像力を育み、ひるがえって日本の学問や産業のあり方もとくと考えるようになった。これは遊学後の彼の行動からも証明される。

遊学から二年後、源内は江戸に出る望みを抱いて藩に退役願いを出した。幸いこの願いは聞き届けられた。思いがかなった源内は妹の里与に婿養子をとらせて、平賀家を継がせた。源内二七歳のことである。

江戸の本草学者

宝暦六年（一七五六年）、故郷を発った源内は、大坂で本草家戸田旭山に師事したのち、江戸に上って本草学の大家、幕府医官田村藍水（らんすい）の門をたたいた。

ここでめきめき頭角をあらわした源内は、生来のアイデアマンの本領を発揮し始めた。そのひとつが薬物の交換会「薬品会」の開催である。

第一回の開催は宝暦七年（一七五七年）で、最初は師の藍水が会主を務めたが、実質的に取り仕切ったのは源内だった。第三回からは自ら会主となり、会はますます隆盛した。並行して本草学者源内の評判もあがっていった。

従来、この手の交換会は狭い一門の枠にとらわれ、規模もごく小さいものだった。これに対して源内の交換会は広く全国に物産を求め、参加の自由度も高かった。

　こうして本草家として活躍する一方、勉学の志も忘れず、幕府の学問を背負う林家で漢学を学んだ。

　江戸での評判を聞き及んだ頼恭公は、源内を再度召し抱えた。待遇も引き上げ、相模湾や紀州海岸での貝の採集を命じた。

　封建体制下においてはまずまずの出世を遂げたわけだが、異能の人はやはり小藩の枠内にはとどまれなかった。宝暦一一年（一七六一年）、彼は再び辞職を願い出た。このたびも聞き届けられたが、前回と違ったのは、藩から「仕官御構（しかんおかまい）」という条件がつけられたことである。

　これは他藩への仕官は今後一切、まかりならぬというものである。幕藩体制においては、生活の根幹を奪われるにひとしい厳しい条件だった。この沙汰がのちのち源内をじわじわと縛ることになるのだが、若き本草学者はその重みより、羽ばたく喜びでいっぱいだっただろう。

　晴れて自由の身になった源内が、満を持して開催したのが第五回薬品会「東都薬品会」である。これは当時としては画期的な規模の物産展で、ほとんど日本初の博覧会と呼んでよいものだった。

　この薬品会の開催には、源内の強い思いが背景としてあった。

　源内はかねがね、高価な輸入品を安い国産品で代用できないかと考えていた。自然豊かな日本には、外国の珍しい物産と同じものか、その代替物が、まだ埋もれているにちがいない。それを発見して、国産化できれば、外国への富の流出が減り、国も豊かになると鋭く見抜いたのである。この国益という考え方は最後まで彼の行動原理のひとつとなった。そのためには、全国各地からできるだけ多くの物産を集める必要があるだろう。

ここから源内は企画・広告プランナー、コピーライターとしての才能を縦横に発揮し始める。そのひとつは参加者を広く募るためのチラシ配布である。彼は引札と呼ばれる特大チラシをつくって全国に配った。

もうひとつは物品の取次所の開設である。彼が好事家の協力をえて全国に開設した取次所は、一八国二五カ所にものぼった。従来、出展品は業者が直接江戸へ送らねばならず、しかも自ら会場に足を運ぶのが条件。これが出品者の大きな負担になっていた。しかし地方に取次所ができたおかげで、会場に出かける必要がなくなったうえに、運賃は着払いという、文字通りの出血大サービスだった。

ほかにも売れ残り品の早期返還を確約するなど、細部にいたるまで気遣いが施されていた。これによって、従来の二倍近い一三〇〇余りの物産を一堂に集めることができたのである。

博覧会後は、薬品会の研究成果を収めた全六巻の『物類品隲』を発刊した。これは五回の薬品会に出品された二千種の物品から三六〇種を選んで解説を付した書物で、図は中国南蘋派の流れを汲む楠本雪渓（宗紫石）が手がけた。これにより本草家・平賀源内の名声はさらに高まった。

ふたりの蘭学者

江戸のたそがれ時、日本橋界隈をふたりの蘭学者が肩を並べて歩いていた。ひとりはわが源内先生。そしてもうひとりは日本橋で町医者を営む杉田玄白である。ふたりは源内の物産会を通じて知り合い、蘭癖同士気があって、交友を深めるようになった。

「西洋の究理の学について追々見聞したところ、その知識たるやまことに驚くばかり。もし蘭書を和解（翻訳）してじかにこれを読むことができれば、どれほど有益なことか。だが、これに挑む者がいっこうにあらわれぬ。なんともはがゆいかぎりだ」

玄白は勢い込んで言ってから、自嘲気味にこうつけ加えた。

「とは申せ、わしも長崎通詞にさとされてオランダ語はあきらめた身ゆえ、たいそうなことは言えぬがの」

「和解のことは貴公の申すとおりだ。一書でも成れば、どれほど国益に資することか。だが、江戸でとやかく言っていても始まらぬ。長崎へ行って通詞にたのんで訳してもらうのが早かろう」

行動的な源内らしい言葉だった。

「そのとおりだが、長崎はいかにも遠い……」

「まあ、そう悲観めされるな。わしも蘭書を手に入れるたびに、なんとかこれを読めぬかと思ってきたところだ。近頃では他にいなければわしが、とも思っている」

「おお、それはよい。貴公なら必ずなしとげられよう……」

とは言え、源内が本格的にオランダ語に取り組む機会はついに訪れなかった。この頃、彼は本草学者として多忙をきわめるようになっていたからである。

気鋭の本草学者が最初に取り組んだのが「芒消（ぼうしょう）」の製造だった。

芒消とは硫酸ナトリウム（化学式 $Na_2SO_4 \cdot 10H_2O$）のことである。現在では乾燥剤や入浴剤のほか、さまざまな工業用途に利用されているが、当時は漢方の下剤・利尿剤として重用されていた。しかし輸入にたよっていたため、高価で、庶民には手が届かなかった。

宝暦一一年（一七六一年）、源内は本草学の知識がある伊豆の豪農鎮惣七との縁でたまたま芒消の原料を入手した。これを機にその国産化を思い立ち、幕府に願い出て製造の命を受けた。同年、幕府から「伊豆芒消御用」の役目を与えられて伊豆に赴いた源内は、数日のうちに製造に成功、これを江戸に持ち帰って幕府に献上した。さすがに仕事は速いが、産業として成り立たせるまでにはいたらなかった。

なんにでも飛びつくが飽きるのも早い。源内の頭は、この時すでに次のアイデアでいっぱいになっていた。

生前の源内は、その奔放なアイデアやあまりに破天荒な生き方から、「山師」とそしられることもあった。

山師とは本来、鉱山技師のことを指す。その昔、鉱山技師には金が出るといったガセネタで土地を高く売りつけたり、資金をだまし取ったりする手合いが多かった。そこで鉱山技師、イコール詐欺師、ペテン師というイメージがつき、その蔑称が生まれたのである。

いくらはったり屋の源内先生でも山師は言い過ぎと思うかもしれないが、実際に彼はこの後、鉱山開発に挑み、鉱山技師を生業とするようになった。もっとも山師と言っても、彼の場合は小遣い稼ぎのちゃちな山師ではなく、藩や幕府まで巻き込んだ大山師だった。

源内が鉱山技師になったきっかけは、秩父山中である石を発見したことだった。

大山師誕生

「ご存知の通り、秩父はなにもないところでございます」

「いや、利兵衛殿。わしはそうは思わぬ。竜・穴・砂・水・向、すなわち水理、地脈、いずれの相から見ても秩父は宝の山ですぞ」

「そうでございましょうか」

「間違いございらぬ」

宝暦一四年（一七六四年）早春、秩父両神山（りょうかみさん）は凍て（い）つくような寒さの中にあった。その厳寒の山中を防寒着をまとったふたりの男が、白い息を吐きながらのぼっていく。

先導しているのは、武蔵国那珂郡（なかぐん）野中村の名主中島利兵衛である。後に続くのは源内先生。利兵衛が本草学に興味を持って、源内の物産展に出品したことからふたりの縁ができた。

「おっとと……」

足下の石につまずいて源内がよろけた。

「お気をつけくださいませ。このあたりは石ころが多く、足下があぶのうございます」

利兵衛が振り返って、呼びかけた。

道にかがんだ源内はひとつの石を拾い上げると、手に乗せてしばらく眺めてから捨てた。それからもうひとつ拾っては、また眺めていたが、やがて利兵衛のほうを振り向いてにっこり笑った。

「喜びなされ、名主殿。このような石が多いということは、われらが火浣布（かかんぷ）の石に出会えるのもうじきだ……」

「ほんとうでございますか」

「間違いない。同じたぐいの石が、ほれ、ここにも、あそこにも」

源内は目を輝かせながらあたりを見回した。


こうして源内は首尾よく火浣布を発見した。

火浣布とは石綿（アスベスト）の古称である。石綿は天然に産出する繊維性鉱石で、熱や薬品に強い。そこで古代中国で火で浣（洗）う布と名づけられて珍重されたのである。近代では断熱材や防火材などの建設資材、電気製品から家庭用品まで広く使用されてきた。

さてこのように産業社会を支えてきた石綿だが、現在では、その長所よりも、それが引き起こす深刻な健康被害（アスベスト公害）が問題になっている。

石綿が人体に害を及ぼすわけは、その繊維の細さにある。髪の毛のわずか五千分の一ほど。そのため一度吸入すると、肺の気道の奥深くはいり、肺胞の中に異物として残ってしまう。自然に排出することも、取り除くこともできない。これが長期にわたって人体に影響を及ぼす結果、肺ガンやガンの一種である悪性中皮腫の原因になるのである。

しかしそれは現代の知識。当時はこのような害は認識されておらず、きわめて貴重な鉱物とみなされていた。そのお宝を発見したわけだから、源内の驚きと歓喜もひとしおだっただろう。もちろん、源内にそれを見抜く鉱物知識があればこそだった。

この後、源内は火浣布の製作に取り組み、小さな香敷きを試し織りした。これを江戸で幕府に献上し、オランダ人や中国人にも見せて得意になったという。しかし技術的困難さもあって、それ以上に発展することはなかった。

石綿発見以降の源内は、すっかり鉱山熱にとりつかれてしまった。秩父中津川には、採掘の困難さから廃坑になっていた金山があった。これに目をつけた源内は、中島利兵衛一族の協力をえて再開発事業を企てた。

幕府の許可をえて事業に着手したのは、石綿発見から二年後の明和三年（一七六六年）。しかし多くの資金と人手を投入した計画も、肝心の採掘量が投資に見合わなかったため、三年後には休業に追い込まれてしまった。

だがそんなことでめげる源内先生ではない。明和七年（一七七〇年）、幕府の「阿蘭陀翻訳御用」として二度目の長崎留学を果たしたのち、ふたたび中津川に挑んだ。今度は金山ではなく鉄山の開発事業。しかしこれも精錬がうまくいかずに撤退を余儀なくされた。

皮肉なことに、この相次ぐ鉱山事業の失敗により、源内は名実ともに大山師になったわけである。

その後も鉱山開発の夢はあきらめず、安永二年（一七七三年）には秋田藩の要請により藩内の鉱山開発を指導した。この折り、秋田藩士小田野直武（おだのなおたけ）に西洋画の技法を授け、藩主佐竹義敦（さたけよしあつ）

（曙山(しょざん)）にも伝えられて、秋田蘭画が行われるようになったことは、源内の弟子にあたる司馬江漢の節でも言及する。

エレキテルの修理・復元

源内先生の科学的業績と言えば、やはりこれを落とすわけにはいかない。言うまでもなく、かの「エレキテル」である。

橋本宗吉の節でも見たように、エレキテルとは、摩擦を利用した静電気の発生装置である。木箱の中のガラス円筒を、箱の外についたハンドルで回転させると、金箔との摩擦によって静電気が発生する。それを蓄電器にため、銅線によって外部に導いて、放電するという仕組みである。当時、西洋ではこの種の装置が数多くつくられ、治療や見世物に使われていた。

安永五年（一七七六年）、源内は破損していたエレキテルの修理に挑み、見事復元に成功した。彼が入手したのは、オランダ人が長崎に持参し、日本に残したものだったと考えられているが、入手の経緯はよくわかっていない。通説では、二度目の長崎遊学の折りに、古道具屋あるいは長崎通詞から購入したものとされている。

源内はエレキテルの知識を、同じ田村門下の後藤梨春(りしゅん)が出版した『紅毛談(オランダばなし)』によってえていた。その書は、梨春がオランダ人から聞き書きしたオランダの地理、文化、産物、医薬などを記述したもので、エレキテルも図解されていた。

しかし、さすがの源内先生もすぐには修理に着手できなかった。『紅毛談』の図解にはあいまいな部分があって、仕組みを十全に把握できなかったのである。

仕方なく放置したまま七年が過ぎた。その間、源内は通詞の助けなども借りながら装置の仕組みを勉強し、ようやく復元に成功したのだった。

源内は修理したエレキテルを、貴人や金持の見世物に供した。これが大人気となり、その名は全国に知れわたるようになった。本来の電気治療にも利用してみたが、療法としては普及しなかった。見世物としても、一瞬、人を驚かせるだけである。一度体験すれば充分というわけで、間もなく飽きられてしまった。源内自身も飽きっぽいことでは人後に落ちないから、早々に情熱を失ってしまった。

こうしてせっかくのエレキテルも放置されたまま、その後は活躍の場をえることはなかった。

エレキテルは電気学の歴史には必ず登場する電気装置。その修理・復元に成功したのは日本では源内が最初だった。では、彼こそ日本電気学の祖と言えるのだろうか。残念ながらそれは疑問である。

源内がエレキテルの仕組みを理解したと言っても、器械的に理解しただけで、原理を把握したわけではなかった。継続的に実験を行ったわけでも、電気学の紹介に努めたわけでもない。

あくまでも一介の好事家として関わっただけで、電気学の本格的研究は、三〇年余りのちの橋本宗吉による電気学書の翻訳・研究まで待たなければならなかった。

源内の科学的業績としては、ほかに測定器具の製作がある。その中には、今の歩数計にあたる量程器、方角を測る磁針器、オランダ製の寒暖計を見て原理を見抜いてつくったタルモメイトル（寒暖計）などがあった。

発想の転換

源内が取り組んだ事業はこれまで紹介してきたほかにも数多い。そのひとつが陶磁器製作の指導である。

当時、日本の金持の間では、高価な西洋の陶磁器が珍重されていた。だが高額な買い物は国内の富の流出に直結する。これを憂えた源内は国内の陶磁器産業を育成し、西洋に輸出しようと考えた。

西洋からの輸入を食い止めるのではなく、優れた国産品をつくって逆に輸出する。この殖産興業的な発想の転換は、幕末の開明君主にかろうじて受け継がれたもので、江戸中期における源内の先進性は特筆に値するだろう。

彼が陶磁器製作の拠点に選んだのは、九州の天草と郷里の志度だった。

天草では長崎遊学の折り、磁器製造の建白書を天草代官に提出した。その中で、当地で出土する天草陶石を「天下無双の良品」と絶賛、これを使って窯業(ようぎょう)を興せば、外国にも輸出可能な立派な磁器ができるとした。

しかし、この建議は入れられなかった。すると次は郷里の志度に本格的な窯を築いて、天草の陶器士を取り寄せようとした。だが、これも支援者がなく計画倒れに終わった。

志度では地元の陶士を用いて、いわゆる「源内焼」も指導した。この焼き物は、緑、褐、黄などを基調とする鮮やかな彩色と、世界地図やアルファベット、珍しい異国の動物など、いかにも源内らしい斬新なデザインを特徴としている。だが、当てにしていた資金協力をえられず、産業として発展する前に自然消滅してしまった。

同じく彼が志度で手がけた産業に羅紗(らしゃ)の製造がある。羅紗は羊毛を原料とする厚手の毛織物で、防寒や耐久性に優れているうえに、豪華に見えるため高価な織物として珍重されていた。

こちらは綿羊(緬羊)の飼育から始めた。飽きっぽさとは裏腹に、やるとなると徹底するところが源内らしい。いわゆる凝り性なのである。ついに最初の国産毛織物「国倫織(くにともおり)」の試織にまでこぎつけたが、やはり出資者がなく事業化にはいたらなかった。

ほかに西洋から輸入されていた高級壁材の金唐革を、和紙で代用することを思いつき、製造・輸出をもくろんだが、これもうまくいかなかった。

文人源内

殖産興業の努力は実らなかったが、才人の快進撃はとまらなかった。

文筆では風来山人（ふうらいさんじん）の筆名で、『風流志道軒伝』『根南志具佐（ねなしぐさ）』前編などの滑稽本や戯作を世に問い、大評判をとった。とりわけ『風流志道軒伝』は、巨人国、小人国などが登場し、スウィフトの『ガリヴァー旅行記』を思わせる風刺とファンタジーの快作と評されている。

福内鬼外（ふくうちきがい）の名では浄瑠璃も書いた。浄瑠璃は元来大坂のものだったが、源内は江戸弁を採り入れるなど、江戸浄瑠璃の創造に心を砕いた。このうち、六郷川（多摩川の下流）の渡しを舞台とする愛憎劇『神霊矢口渡』は、彼の代表作として今も歌舞伎の舞台で上演されている。

源内は美術においても同時代に先んじていた。それは日本最初の西洋画の制作である。

もともと絵心があった源内は、中国南蘋派の画家楠本雪渓と親しく交わり、彼とともに西洋画に傾倒するようになった。南蘋派は精緻で写実的な画風が特徴だが、その点では西洋絵画に及ばないと知って、オランダ書の図版や挿絵から技法を学ぼうとしたのである。その研鑽の成果が源内の「西洋婦人図」である。この絵自体は美術的価値に乏しく、技巧も稚拙だとされているが、源内の真価は実技より、むしろ遠近法や陰影法などの理論や技法にあった。

彼が秋田藩士小田野直武や弟子の司馬江漢にその技法を授けたことが、秋田蘭画の隆盛や洋風画の発展を生んだのである。

そのほかにも、商売が不調な鰻屋の依頼を受けて、土用の丑の日に鰻を食べさせるキャッチコピー「本日丑の日」を考え、日本最初のコピーライターとなったかと思えば、歯磨き粉のCMソングも作詞・作曲するといった具合で、その才能とパワーはまさにとどまるところを知らなかった。

「日本のレオナルド・ダ・ヴィンチ」はいささか過大評価でも、万能のルネサンス人と呼ばれるにふさわしい活躍ぶりだった。

人間源内は、自信家で、鼻っ柱が強く、大風呂敷を広げるところもあったが、その才気と構想力で多くの人々を魅了した。頭の切れも抜群だったことは、杉田玄白が『蘭学事始』で紹介している次のようなエピソードからもわかる。

ある時、源内は江戸に参府した長崎のオランダ商館長カランスを歓迎する酒宴に招かれた。その席上、カランスは金袋を取り出して、誰かこの口を開けてみろと誘った。その金袋の口は知恵の輪のようになっていて、その場にいた客が次々挑戦したが誰も開けられなかった。最後に源内がじっと見て、しばらく考えてから、あっさりと開けてしまった。

カランスは驚いて賞賛し、源内にその袋を与えたという。

その才気は、若い頃から多くの支援者に愛され、江戸で知り合った蘭学者の仲間内でも、つねに一目置かれる存在だった。前出の杉田玄白をはじめ、前野良沢、中川淳庵、森島中良、桂川甫周(ほしゅう)らとも交遊し、互いに協力関係を結んだ。

私生活では生涯妻をとらなかった。当代一の文化人で、人気者。肖像画を見るかぎり、顔立ちも悪くない。とくれば、女性が放っておかないはずだが、なぜ独り身を通したのか。理由ははっきりしないが、一説には男色家だったからだという。男色を提供する陰間茶屋(かげまちゃや)のガイドブック『男色細見』などを著わしていることや、歌舞伎役者を愛人にしたのがその証拠とされている。

そう言えば同じ独身者のレオナルド・ダ・ヴィンチにも男色家説があり、その性癖と創造性が結びつけられて論じられることがよくある。さては源内先生も、と言いたいところだが、その詮索は本書の任ではないだろう。

解体新書

「ついに完成か。いや、なんとしてもめでたい」

安永三年（一七七四年）、源内の姿は江戸・日本橋の杉田玄白宅にあった。ふたりの目の前にあるのは、玄白が前野良沢らとともに完成させた『解体新書』の訳稿である。

源内は若き日、玄白と蘭書の和解について何度も語り合ったことを思い出していた。自分が本草学者として、また山師として飛び回っている間、この畏友(いゆう)はオランダ通詞や商館医を通してオランダ医学を学んでいった。そして四年前にドイツ人クルムスの解剖学書『ターヘル・アナトミア』を入手、その翻訳に精励し、ついに今日の大業を成し遂げたのである。

それに引き替え自分はなにをしてきたのか。あまり過去を振り返ることのない源内だったが、さすがに忸怩(じくじ)たる思いがこみあげてきた。

「じつは困っていることがあるのだ」

玄白が深刻そうな顔で打ち明けた。

「なにをだ? ここまでくれば、もはや刊行を待つばかりではないか」

「挿絵を描いてくれる者がまだ見つかっておらぬのだ」

「絵を描く者どいくらでもおるだろうに」

「いや、そう簡単な話ではない。おぬしならよくわかるだろう。このたびの挿絵でなにより求められるのは写実じゃ。貴公が入手した動物図譜のような写実じゃ。浮世絵では用が足りぬ。西洋の絵画の技法に通じておる者がなんとしてもほしい」

「はて、そのような者がおるか」

「なにを言う。おぬしがおるではないか。源内先生にこの本の挿絵をお願いできないだろうか」

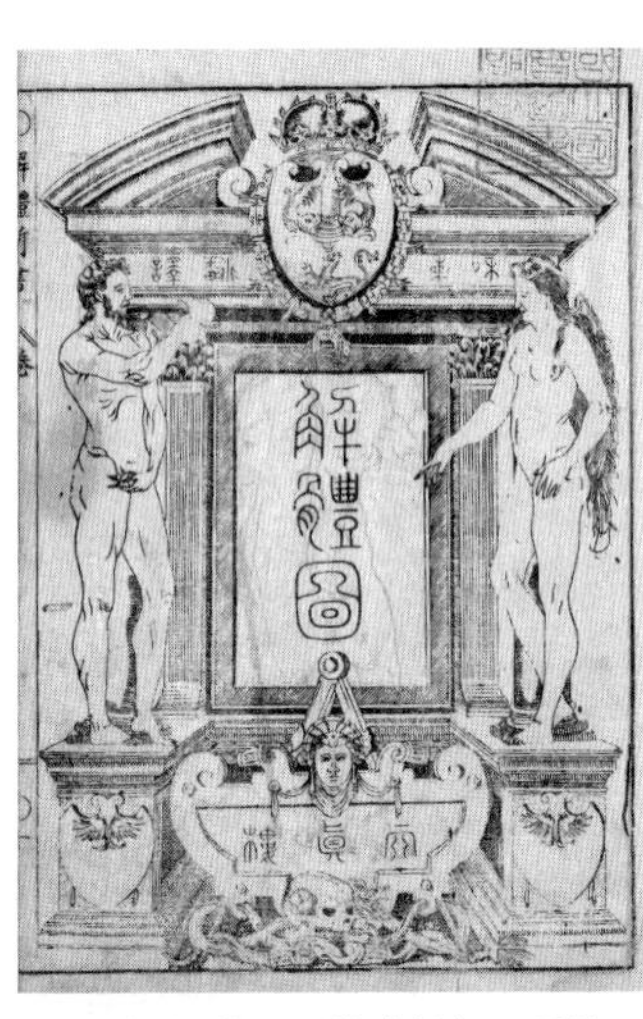

小田野直武が描いた『解体新書』の扉絵
（国立国会図書館蔵）

「いや、わしは相変わらず多忙でな。時間がとれぬ」

「それは弱った」

「いや、よい者がおる。佐竹藩の小田野だ。あやつにやらせよう。わしが仕込んだだけに腕は確かだ。さいわい今、わしのところに来ておる」

こうして『解体新書』の挿絵は小田野直武にゆだねられることになった。

半年あまり前、源内に西洋画の技法を学んだ直武は、その後、藩主の命により江戸に出て、さらに研鑽を積んでいた。直武は依頼された仕事を短期間で見事に成し遂げ、そのリアルな挿絵は『解体新書』のもっとも重要な一部であると賞賛された。翻訳には加われなかった源内だが、直武の師として、その紹介者として充分すぎる功績を挙げたと言えるだろう。

非常の死

天馬空を行くがごとき人生を駆け抜けてきた源内先生も、はや五〇の坂にさしかかろうとしていた。成功の陰にはアイデア倒れに終わった事業も少なくなかったが、当の先生は、気にもとめていなかっただろう。

「なに、わからない世間が悪いのさ」

そう信じて不思議でない才能であり、活躍ぶりだった。しかしエレキテルの製作を手伝っていた者を偽造で訴えだしたあたりから、時代の寵児もどうも世の中とかみ合わなくなってきた。やることなすことボタンの掛け違え。それを見て、一時はあれほどもてはやしていた世間も、大風呂敷、山師とそしる始末。さすがの源内も己の才能に対する満々たる自信と現実の落差に苛立つことが増えていった。それに例の「仕官御構」がきいて、仕官もかなわない身では、金銭的な苦労も多かった。

彼の人生の不幸な結末も、そんな鬱積が引き金になったのだろうか。常に新奇なものを求めて、日本全国をかけめぐった時代の寵児を、天は畳の上で死なせてはくれなかった。

安永八年（一七七九年）一一月、源内は奉行所に自ら出頭し、驚くべき申し立てを行った。酒の上のあやまちから人を斬り殺したというのである。この頃の源内は、江戸で知らない者がないほどの有名人だった。その名士が引き起こした殺人事件は、江戸市中を騒然とさせた。

この大事件の詳細については、斬った相手も、動機にも不明な点が多い。

ある資料によれば、斬ったのはさる大名の庭に関する普請を請け負った町人だという。町人から相談を受けた源内は、自分なら費用を大幅に圧縮できると豪語し、その話し合いのために役人も交えて源内宅で酒宴をもうけた。

町人と源内は最後まで飲み明かし、泥酔してそのまま寝てしまった。翌朝、設計や見積りの書類がないのに気づいた源内が、町人に盗みの嫌疑をかけ、口論の末、かっとなって斬りかかったというのである。

今のところこれが有力視されているが、異なる資料もあって、それ以上くわしいことはわかっていない。

自首から一カ月後、源内は小伝馬町の牢内で獄中死した。死因についても不明の点が多い。牢内で患った破傷風による病死という説が有力だが、絶食して餓死したとかの説もあって定まっていない。いずれにしても、鬼面人を驚かす非常の人は、最期まで世間を驚かせ続けて世を去ったのだった。

早すぎた明治人

源内が生まれたのは江戸中期、八代将軍徳川吉宗の治世。活躍したのは老中田沼意次の時代だった。

吉宗は本草学を奨励し、家光以来の厳しい鎖国の禁をゆるめて、キリスト教関係以外の蘭書の輸入を許した。また意次は賄賂（わいろ）政治を横行させたため後世の評価は低いが、新田開発や産業を奨励し、輸入品の国産化を促すなど、先進的な産業政策をとった。

こうした殖産興業の気運が、封建体制と鎖国下の江戸において、源内という才能の開花を後押ししたことは間違いない。彼の鉱山開発や陶器産業、織物産業の指導などはそのまま意次の政策の具体化とも見られる。

あるいは源内こそ、田沼政治のもっともよき具現者だったのかもしれない。実際、意次は本草学者時代から源内の才を知り、その活動を陰ながら支援していた。彼が阿蘭陀翻訳御用として長崎遊学を果たした折りにも、意次の支援があったことがわかっている。一説には両者の関係はもっと親密だったが、源内の殺人事件をきっかけに、意次がいっさいの関係を否定するようになったのだという。

いずれにせよ、小身の旗本から五万七千石の大名にまでのし上がった異能の政治家と、江戸を震撼させた異才。ふたつの才能はこの時代にあって、同じ方向を向いていたことになる。

このように多彩な活躍を見せた万能人源内だが、では、肝心の科学者としての評価はどうだろうか。

源内のアイデアや発明が、時代に先駆けるものであったことは間違いない。だが、科学者としての業績となると、物足りなさも残る。エレキテルにしても、火浣布や芒消にしても、大方は西洋の受け売りだった。ダ・ヴィンチやエジソン、ニコラ・テスラなどに比べると、やはり一歩も二歩も譲るだろう。

むしろ彼の真骨頂は本草学を産業と結びつけ、意次の重商主義政策を具現化したことや、科学と国益を結びつけて考えたこと、さらに進んで科学・技術と産業を結びつけようとした点にあるだろう。それによって源内は一九世紀の産業技術社会をも先取りしたのである。この点に限れば日本のエジソンどころか、エジソンよりも先行していた。

ただし、エジソンは成功して産業界の寵児になったが、源内の事業は大半が失敗に終わった。この原因は源内の移り気な性格にもあったが、時代や環境の違いも大きかっただろう。

源内が活躍したのは江戸中期、西暦で言えば一七〇〇年代の後半である。この時代は、西洋でもイギリスの産業革命が緒についたばかり。日本では殖産興業の気運はあっても、肝心の技術革新が起こっていなかった。西洋における産業技術社会の本格的到来は幕末期であり、それが日本に輸入されるのは明治に入ってからである。

つまり源内は時代から約百年先駆けて、科学・技術と国益と産業振興を一本の線につなごうとしたのである。そのためほとんど孤軍奮闘を余儀なくされた。その意味では彼は万能のルネサンス人であるのみならず、早すぎた近代人であり、明治人でもあったのだろう。

宇田川榕菴――シーボルトを敬服させた「近代植物学の父」

「シーボルト先生、この花は西洋ではなんと呼ばれているのでしょうか」

宇田川榕菴は持参した一冊の写生帳を取り出して、表紙を開けた。中からあらわれたのは色鮮やかな植物たちだった。

「これは、また見事な……」

シーボルトは思わず見とれて、感に堪えたように言った。それからうなずいて愛用の鵞ペンを取った。

「ここに書き込んでよろしいですか」

「もちろんです」

シーボルトは、写生帳の上にすらすらとペンを走らせ始めた。榕菴はその筆先を息をつめて見つめていた。

ここは江戸の薬種問屋「長崎屋」の一室。絨毯を敷きつめた当時としては珍しい洋風の一室で、数人の日本人とドイツ人がテーブルをはさんで対している。

宇田川榕菴の肖像（武田科学振興財団杏雨書屋蔵）

質問をしていた日本人は、津山藩の藩医宇田川榕菴である。蘭学の名門宇田川家にあって、語学や植物学に抜群の才能を発揮する期待の俊英である。その左右には、やはり蘭学の名門桂川家の当主桂川甫賢（ほけん）などの蘭学者、さらに同行の通訳官らの姿もあった。

写生帳に植物の洋名を書き込んでいるシーボルトとは、先年来日したかのフランツ・フォン・シーボルトである。本業は長崎出島の商館付医官だが、博識多才で植物学の分野でも一流の学者として知られていた。

出島の商館長（カピタン）は四年に一度、江戸にのぼり、江戸城で将軍に拝謁するのがならわしとなっていた。この際、商館医も同行する決まりだったので、江戸の学者との交流を求めていたシーボルトには絶好の機会となった。榕菴にとっても、それはあこがれの人との待ちに待った出会いとなった。

この日のために榕菴は、日本各地で収集した植物の押し葉を持参した。貴重な標本は日本の植物収集にかけるシーボルトを喜ばせた。また榕菴が見せた植物スケッチは、彼が数年前から描きためていたものだった。絵心豊かな植物学者が精魂こめて描いた植物たちは、異国の学者をも感動させずにおかなかった。

「ほかになにか質問はありませんか、ようあんサン」

筆をおいたシーボルトが笑顔を向けた。

初対面とは言え、そこは植物学者同士、多言は無用だった。本題に入ると、榕菴は鋭い質問でしばしばシーボルトを驚かせた。なにより商館医を感心させたのは、その質問が西洋植物学の正確な知識に裏づけられていることだった。

川原慶賀「シーボルト肖像」
（長崎歴史文化博物館蔵）

極東の地にも西洋と同等の植物学者がいる。深い感銘を受けたシーボルトは、のちに榕菴のことを学識豊かな、卓越した教養人と書き記した。日本とドイツを代表するふたりの碩学はこうして出会ったのである。

菩多尼訶経

蘭学者宇田川榕菴の評価は、植物学者として、また化学者として近年ますます高い。

榕菴は寛政一〇年（一七九八年）、大垣藩医で蘭学者の江沢養樹の長男として生まれた。幼名は重次郎または榕。生来利発だったが、他の子供が好む凧あげやこま回しにはあまり興味を示さず、野山で薬草や植物を集めたり、絵を描くことを好んだという。その才能を見込まれて、一三歳で津山藩医宇田川玄真の養子となり、「養庵」と名乗った。

宇田川家は代々藩医の家柄である上に、江戸の桂川家と並ぶ蘭学の名門だった。養父の宇田川玄真は、そのまた養父の宇田川玄随とともに、日本最初の西洋内科学書『西説内科撰要』一八巻を完成させた大学者である。

玄真の前半生は波乱に富んでいる。伊勢国の町医者の家に生まれた玄真は、大槻玄沢の芝蘭堂で学び、その学才を認められて杉田玄白の婿養子になった。ところが、天下の玄白の後継者となって有頂天になったのか不行跡を重ねたため、ついに杉田家を追い出されてしまった。しかしその後行いを改め、学問に精進、江沢養樹の仲介で宇田川家の養子に入り、幕府の蕃書和解御用に任用された。

蕃書とはオランダ語の書籍のことで、和解御用とはそれを翻訳する仕事を指す。幕府天文方高橋景保の提唱で設置され、初代訳官には蘭方医の大槻玄沢と、通詞で語学の天才馬場佐十郎が就任し、以来、幕府蘭学の中心的役割を果たしてきた。これに任用されたことで、蘭学の宇田川家の基礎ができたのだった。

若き榕菴は願ってもない環境で、漢方医学、儒学、自然博物学、本草学などに精力的に取り組んでいった。そんな学徒に大きな刺激を与えたのが、オランダ商館長ヘンドリック・ズーフ一行との出会いだった。

それは榕菴一七歳の時だった。養父の伴をして訪れた長崎屋で、初めて生のオランダ人を見、生のオランダ語を聞き、じかにオランダの文物に接したのである。それにより西洋というものに大きく目を開かされた。異文化に接した若き学徒の興奮は、絵が得意な彼が残した和蘭（オランダ）カルタの模写に刻まれている。

こうなれば、なにがなんでもオランダ語を学ぶしかない。決意を固めた榕菴は、第一人者の馬場佐十郎についてオランダ語を習い始め、めきめき上達した。

二〇歳で津山藩医に召し出され、名を「榕菴」と改めた。この頃、ショメールの『日用家庭百科辞典』を読んで大きな刺激を与えられた。フランスの司祭M・ノエル・ショメールによるこの辞典は、医学、薬学、衛生の知識から、科学、技術、料理、家事まで網羅した家庭百科全書である。これにより榕菴は植物学という学問の存在を初めて知った。

源内の章でも見たように、榕菴以前、日本の植物研究は本草学に基づいていた。本草学は薬用植物や自然の産物を研究対象とするが、実用本位で理論や体系性には欠けるきらいがあった。

これに対して西洋には植物そのものを理論的に研究する学問が存在する。少年時代から植物好きで、本草学に関心が深かった榕菴は、この事実に強く惹かれた。とりわけ興味を抱いたのがリンネが開拓した植物分類学だった。

生物の近代的分類の祖カール・フォン・リンネは、その著書『自然の体系』で、それまでの生物に関する知識を整理・分類、体系化した。また、生物の学名をラテン語で表す二名法を創始し、生物を種、綱、目、属と階層的に位置づけて、近代生物学の基礎を築いた。その斬新で精緻な方法に傾倒した榕菴は、少々変わった方法でその紹介を試みた。

文政五年（一八二二年）、二四歳になった榕菴は医師足立長雋（ちょうしゅん）の娘世璵（せよ）をめとった。この年、彼は単独では初めてとなる小著を著した。

本のタイトルは『菩多尼訶経（ボタニカきょう）』。タイトルもお経風なら、中身も「如是我聞、西方世界、有孔剌需斯、健斯涅律私（ニョゼガモン、サイホウセカイ、ウコンラジュス、ゲンスネリュス）……」とお経仕立て。と言っても、もちろん本物の経ではない。リンネ植物学のエッセンスをそれ風にアレンジして紹介したものである。

「菩多尼訶（ボタニカ）」は植物学を表すラテン語の“botanica”（ボタニカ）に由来する。記念すべき処女作にひねりを入れたところに、若き榕菴の才気が躍動しているだろう。

また同年、コレラの治療法をまとめた『古列亜没爾爸斯説（これあもるぶすせつ）』を父玄真とともに翻訳し、さらに玄真著の薬学書『遠西医方名物考』を校補して刊行した。後者は西洋の薬物をイロハ順に紹介したもので、元素、酸素、水素、炭素などの用語が初めて使用された書としても重要である。

公私ともに充実する中、榕菴の学識はしだいに衆目の認めるところとなっていった。その意気盛んな時期に彼はかのシーボルトと出会うのである。

ドイツのヴュルツブルクに医師の名門一家の次男として生まれたシーボルトは、町医者をしながら薬草学や植物博物学の研究に励み、気鋭の植物学者として認められた。その後、東洋研究を志し、陸軍軍医としてオランダ領東インド（現在のインドネシア）に赴任、さらに出島の蘭館医となって来日した。文政六年（一八二三年）、榕菴が『菩多尼訶経』を著した翌年のことである。

シーボルトの来日目的には、日本に関する総合的な学術調査と情報収集が含まれていたが、中で真っ先に取り組んだのが、自分の興味と重なる植物調査だった。彼は日本の学者に協力を求め、桂川甫賢、大槻玄沢、高橋景保、最上徳内（もがみとくない）らがこれに応じた。

来日の翌年には、長崎郊外に私塾「鳴滝塾」を開いた。シーボルトは外科と眼科の大家で、それを学びに伊東玄朴（げんぼく）、戸塚静海（せいかい）、小関三英（こせきさんえい）、高野長英といった医師や医学生が入塾した。入塾を熱望しながら諸事情により果たせなかった榕菴も、喜んで調査に協力した。そして遂に記念すべき出会いの時が訪れたのである。

一カ月余りの江戸滞在中、榕菴はたびたび長崎屋を訪れて、情報を交換し合った。榕菴からシーボルトへは日本の植物標本や情報、その逆は西洋植物学の最新知識。ふたりの関係は必要なものを与え合うという理想的な互恵関係に基づいていた。

江戸を去るにあたって、シーボルトは榕菴にふたつの大きなプレゼントをした。ひとつはオランダ製の顕微鏡である。当時のオランダはレンズ・顕微鏡とも最高の製造技術を誇り、シーボルトもその高性能顕微鏡を使って大きな成果を挙げていた。もうひとつはドイツの医師クルト・シュプレンゲルが著した植物学入門書である。

ドイツ語はまったくできない榕菴だったが、オランダ語からの類推で読めるはずだと考え、自ら辞書をつくって翻訳に没頭した。ふたりの学者の親密な交友は、シーボルトが江戸を去ってからも続いた。

アキタブキ

江戸参府から長崎に帰ってほどないある日のことだった。シーボルトのもとに、大きな木箱がとどいた。送り主は江戸の榕菴。

「これは……」

荷をほどき、ふたを開けたシーボルトの目が、見る見るうちに子供のように輝きだした。中からあらわれたのは大きなアキタブキの葉の拓本だった。

「ほんとうに大きい。ホクサイの絵に描かれていたとおりだ。ありがとう、ウダガワさん、ありがとう……」

葉の直径は一メートルもあろうか。それは祖国で日本の浮世絵に描かれているのを見て以来、憧れ続けてきた葉だった。そんなシーボルトの思いを知った榕菴が自ら採集し、それを葉拓にして贈呈したのである。

日本の友への礼を口にしながら、商館医はその美しい葉脈を飽きずに眺めていた。

シーボルトとの出会いから二年後、二八歳になった榕菴に大きな転機が訪れた。

玄真の隠居により宇田川家を継ぐとともに、その語学力と蘭学知識を認められ、養父と同じ蕃書和解御用に任ぜられたのである。これにより、幕府には先に任用されていた大槻玄沢・玄幹父子と玄真・榕菴父子をあわせて、この時代における最強の翻訳体制が立ち上がることになった。

蘭学に邁進(まいしん)する環境をえた榕菴の初仕事は、養父も携わってきたショメールの『日用家庭百科辞典』の翻訳だった。

前出の大槻と馬場が、オランダ語訳本を底本に翻訳に着手したのは文化八年（一八一一年）だった。以来、多くの蘭学者が取り組み、進行につれて内容も大幅に増補・改訂されていった。

ショメールのフランス語の原著はもともと一巻本だったが、オランダ語版ではそれが全七巻に拡充されていた。そして『厚生新編』と名づけられた邦訳版では、最終的に全七〇巻+続編三二冊におよぶ大著となった。翻訳に要した年月は三〇年以上。着手時にはまだ一〇代前半だった榕菴が、壮年期を過ぎるまで続けられた大事業だった。

諸般の事情から江戸時代には未刊に終わったが、榕菴を植物学や化学に開眼させたように、この事業がわが国蘭学発展に与えた影響はまことに大なるものがあった。

シーボルト事件

訳官として幕府に出仕したのちも、榕菴とシーボルトの親密な交流は続いていた。だが、その幸福な関係はひとつの事件をきっかけに惜しくも断たれてしまった。その事件とは高橋至時の章でもふれた「シーボルト事件」である。

シーボルトの植物調査は多くの蘭学者の協力により順調に進んでいた。ただ離日を控えて、北方植物の標本にまだ不足を感じていた。

この時目をつけたのが、幕府役人の間宮林蔵が蝦夷地（北海道）で採集した押し葉標本だった。林蔵は幕府隠密として全国を調査し、樺太が島であることを発見するなどの功績を挙げたが、その際、調査の一環として植物も採集していたのである。

シーボルトは贈り物を添えて、林蔵に依頼状を送った。ところが林蔵は返事を書く代わりに、これを規定どおり上司に報告してしまった。この行動にどのような意図があったかは不明である。だが、これを機に幕府はシーボルトと日本の学者の関係に疑いを抱くようになり、長崎のシーボルト邸に捜査の手を伸ばした。するとあろうことか、日本地図などご禁制の品々がぞろぞろと出てきたのである。これにより忠敬の日本地図を贈った景保をはじめ、多くの蘭学者が捕らえられ、重い罪に問われた。

榕菴はシーボルトと親交があり、景保の下で蘭書の翻訳作業にも加わっていた。この点ではかなりあやうい立場にあったと言える。だが、国禁を犯したわけではなく、翻訳も景保とは無関係だったため、かろうじて難を逃れたのだった。

シーボルトの来日目的は、日本に関する情報収集が主で、医学や植物学は口実だったとする説もある。だとすれば榕菴や景保はまんまと利用されたことになる。榕菴らの純粋な思いからすれば悲しい話だが、植民地時代の学問には大なり小なりそのような二面性があったことは否定しえない。シーボルトはその仕組みを利用しながら、極東の地まで足を伸ばし、学者としての探究心を満足させようとしたのだろう。

それにシーボルトが第一級の学者であり、結果的に日本の洋学発展に多大な貢献をなしたことにかわりはない。

彼らの深い交流はのちに、かたやシーボルトの『日本』や『日本植物誌』、『日本動物誌』などの著作に、かたや榕菴の植物学や化学に結実した。

事件後は、厳しい弾圧により多くの蘭学者が研究を自粛した。だが、榕菴は臆することなく研究を進め、前述の『厚生新編』の翻訳に参加する一方、『新訂増補和蘭薬鏡』、『遠西医方名物考補遺』といった薬学書を出版した。

このうち後者は、前述のように、元素、酸素、水素、窒素など「〜素」という訳語を使用した最初の書の補遺である。後年、彼の大著『舎密開宗（せいみかいそう）』で統一的に使用される分析、親和、物質、流体、凝固、気化、酸化、還元、酸、塩、溶解、分析などの用語も本書が初出となる。

『植学啓原』の刊行

天保五年（一八三四年）、シーボルト事件から六年後のこの年は、榕菴にとって大きな災厄の年となった。

江戸の大火で榕菴一家が住まう鍛冶橋の津山藩邸が焼け、家財が焼失してしまったのである。貴重な研究資料、文献、実験器具、標本なども大半が失われてしまった。不幸は重なるもので、その年末には養父の玄真が亡くなった。

隠退後も学問にかける情熱は衰えず、最後まで『厚生新編』の完成を願っていた養父だったが、さすがに年齢には勝てず、多くの弟子たちに見守られながら逝った。享年六六歳だった。

玄真と榕菴は、養父と養子、師匠と弟子の関係を超えて、学問上の同志として二人三脚で歩んできた。その養父の喪失は、四肢をもがれるような悲しみだったにちがいない。

この前後から宇田川家は窮乏に陥り、榕菴は当主として再建に奔走しなければならなかった。つらい毎日だったが、唯一の救いは、前年から刊行準備を進めてきた植物学書の版木が焼失をまぬがれたことである。これにより、同年、待望の『理学入門　植学啓原(しょくがくけいげん)』全三巻の出版にこぎつけることができた。

シュプレンゲルの原本に取り組んでから、はや八年。この間、榕菴はなれないドイツ語と格闘しながら、そのエッセンスを次々に吸収していった。これにオランダ語文献による知識を集大成させたのが、『植学啓原』である。

父玄真の門人箕作阮甫(みつくりげんぽ)が序文に記しているように、本書の真価はなによりその理論性と体系性にある。実用本位で理論や体系性に欠ける本草学に対して、『植学啓原』では、リンネの分類学を例に植物学の体系や方法が明確に述べられていた。

榕菴は自然物を、大きく植物、動物、鉱物に分類、それを探究する学として植物学、動物学、鉱物学を挙げた。そして研究方法によって、形質から追究する「弁別(べんべつ)の学（自然誌）」、物の仕組みや働きを明らかにする「究理学（物理学）」、物の分離、分析と結合を探究する「舎密（化学）」とに分け、植物学を究理学にあてはめた。

すなわち植物学とは、花、葉、茎、根などの働き、葉の同化作用、受粉の仕組みなどを究理学の方法で明らかにする学だというわけである。そのうえで植物を人体に見たて、その形態や生理について解剖学者の発想で説いた。このあたりは現代にも通じる堂々たる科学論になっている。また、「花粉、葉柄、気孔、花柱、柱頭、葯（やく）」など、多くの植物学用語を定着させ、理解を進展させたことも大きい。

本書のもうひとつの真価は、訳者自ら実験・観察を行ったことである。

翻訳を進めるうち、榕菴はこういう記述に出会った。巷間（こうかん）考えられているように、ウジは自然発生するわけではない。親バエが産みつけた卵から発生するもので、したがって雌雄も存在する。

それまでは、ウジに限らず多くの生物が腐敗した物や泥から、自然にわき出すと考えられていた。いわゆる自然発生論である。しかしシュプレンゲルの本には、ウジが親から生まれることを突き止めた学者の説が紹介されていた。

これは当時の常識に反する見解だった。そこで榕菴は確認のため、自らウジやボウフラの発生実験に挑むことにした。

彼はふたつの魚肉を用意し、片方は紙でふたをし、もう片方はふたをせずに何日か放置した。

するとふたがないほうだけにウジが発生した。ふたをしたほうには、ハエが卵を産みつけられなかったのである。ボウフラにも同様の実験を行った結果、記述が正しいことがわかった。このようにいちいち納得しながら作業を進めたのだった。

植物や昆虫の構造なども、疑問が浮かぶたびにシーボルトから譲り受けた顕微鏡で詳細に観察し、原書にあった挿図も新しく描き起こした。

そこには、西洋近代科学発展の原動力となった実証精神が息づいていた。西洋植物学の精華を盛り込んだ本書によって、わが国の植物学はようやく近代植物学への道を歩み出したのである。

日本初の化学書

『植学啓原』刊行から三年後、榕菴は働き盛りの壮年期を迎えていた。この年、彼はついに畢生(ひっせい)の大著『舎密開宗』(内編一八巻、外編三巻)の刊行を開始する。

本書の成り立ちは『植学啓原』の場合と似ている。底本はイギリスの化学者ウィリアム・ヘンリーの化学入門書である。そのドイツ語訳をさらにオランダ語訳したものに、他の化学書の知見も採り入れて執筆したのである。

タイトルの「舎密(セイミ)」とは、化学を意味するオランダ語“Chemie”の発音(「シェミー」）からとった用語である。この用語は以後定着し、明治期まで広く使われたが、やがて川本幸民による「化学」にとってかわられた。開宗とは宗教を開くことだから、本書のタイトルは化学という宗教を、開き広めるという意味になる。解説や紹介というより、布教や啓蒙に近い感覚で、化学という学問にかける榕菴の意気込みがうかがえる。

本書の意義は、なんと言っても、ラボアジエの化学理論を最初に体系的に紹介したことにあるだろう。

フランスのアントワーヌ・ラボアジエは定量的な化学研究を切り開いた「近代化学の父」だが、その業績を導いたのは燃焼理論の研究だった。彼以前には、燃焼はフロギストン（燃素）という物質によって説明されてきた。あらゆる可燃性物質にはフロギストンが含まれ、それが分離することによって物が燃える。よく燃える物質はその含有濃度が高いのだと――。

この説を確認するため、ラボアジエは密閉した容器の中で錫（すず）を燃焼させ、燃焼の前後の質量を精密に測定してみた。すると燃え残った灰は質量を増し、容器内の空気は質量を減じていることがわかったが、容器内全体の質量には変化がなかった。フロギストンが抜けたのであれば、質量が減少するはずなのに、結果は逆だった。こうしてフロギストンの存在は否定されたのである。

この結果をふまえてラボアジエは、燃焼は酸素と結合する化学反応だとして、「質量保存の法則」を打ち立てた。また化学的命名法を考えて、酸素、窒素、水素などを命名した。これにより化学現象を統一的に説明することに成功したのである。

榕菴はこの新しい化学理論を完全に消化し、得意の絵の腕前も発揮しながら、わかりやすく紹介した。ラボアジエの発見に遅れること約半世紀のことである。

『植学啓原』の場合と同様、榕菴の理解は実験や分析に裏づけられたものだった。彼が本書に記述し、自ら行った実験は多岐にわたる。中でも注目されるのはボルタの電堆（電池）の製造と、これを用いて行った水の電気分解実験である。

一八世紀末、イタリアのアレッサンドロ・ボルタが電池を発明、これを使って水の電気分解実験に成功したのは一八〇〇年のことである。この実験は、化学研究を大きく前進させるとともに、電気化学という新分野の出発点ともなった。

榕菴は前出の化学入門書を参考にボルタ電池を自ら製造し、水の電気分解を行った。これが同実験の日本における嚆矢だとされている。彼の実験記録には、感電や電気治療、その効果などがくわしく述べられている。

『舎密開宗』の刊行は、彼の没年まで一〇年にわたって続けられた。まさに「日本最初の化学書」、「江戸期最大の自然科学書」の名に恥じない畢生の大著だったと言えるだろう。

榕菴の科学的業績としては、ほかにも石鹼の製造や、足かけ一六年にわたって続けられた日本各地の温泉の分析などがある。とくに後者は試薬による化学分析なども行い、独自の科学的研究として誇れるものだった。その意味で榕菴は日本最初の実験化学者と呼べるかもしれない。

博識多才の人

「おや、なにやら妙(たえ)なる調べが……」

秋の夕暮れ時、鍛治橋の津山藩邸前を通りかかったふたり連れが、塀のうちから流れてくる美しい調べに足をとめた。

「この音色は、近頃はやりの月琴のようですな。だれが弾いていなさるのか」

「むろん当屋敷にお住まいの榕菴先生ですよ」

「ほう、見事なものじゃな。さすが芸達者な先生だ」

『植学啓原』、『舎密開宗』などの大著を著すかたわら、榕菴は旺盛な好奇心で、数学、度量衡、測量、兵学、兵器製造から、音楽理論やコーヒーにまで探究の手を伸ばした。

文化一三年（一八一六年）、榕菴はコーヒーを紹介する小文「哥非乙説(コッヒイせつ)」を著した。

「味は淡泊で、かすかに甘く、油気が多い……」

彼はその味についてこう記しているが、これは実際に飲んだ感想だったと考えられている。

その機会はいつだったか。おそらく、オランダ商館長を長崎屋に訪ねた折りだっただろうと推測されている。

この時、榕菴一九歳。蘭人のもたらす知識の興奮と未知の飲み物のかすかに甘い味は渾然一体となって、若き学徒のあこがれをかき立てたにちがいない。その後、蘭書を通じて原料や製法などの詳細を知り、紹介を思い立ったのだろう。

その一〇年余り前、戯作者・狂歌師として有名な大田南畝（蜀山人）はロシア船でコーヒーを飲み、「焦げくさくて、味わうどころではない」と評している。豆の種類や淹れ方の違いもあっただろうが、その対比がおもしろい。ちなみにコーヒーを表す漢字「珈琲」は、榕菴が考案して蘭和対訳辞典で使用したのが最初だとされている。

ほかに『西洋度量考』は、オランダ語の度量衡に使用する単位についてアルファベット順に並べて解説したもので、この分野の嚆矢とされている。ほかにオランダの歴史、地理を解説した『和蘭志略稿』もある。

榕菴は日本でもっとも早い西洋近代音楽の理解者でもあった。

もともと音楽の趣味があった榕菴は、自ら月琴の演奏を楽しむこともあった。月琴は中国から渡来した弦楽器の一種で、幕末から明治にかけて大流行した。

音楽への興味は晩年まで続き、オランダや中国の書物を参考に、西洋音楽を理論的に考察した『大西楽律考』なども著している。

音楽と言えば、シーボルトもピアノを演奏し、作曲もするほどの音楽好きだった。江戸参府の折りには、小型のピアノを持参して蘭学者たちに演奏を聴かせたという。榕菴がその演奏を聴いたかどうかは定かではないが、この点でもふたりはうまがあったのではないだろうか。

多芸ぶりは文芸にもおよび、驚くことに戯作の稿本まで残している。

こうして榕菴の名声は晩年にかけてますます高まったが、皮肉なことにそれに歩を合わせるように、幕府による蘭学者の弾圧も厳しさを増していった。それが頂点に達したのが「蛮社の獄」である。

天保一〇年（一八三九年）、渡辺崋山（かざん）を中心に高野長英、小関三英らが属する蘭学者グループに幕府の追及の手が伸びた。容疑は幕政に対する批判だったが、これは表向きの理由。事の真相は、蘭学者に憎悪を燃やす「ヨウカイ」こと、目付鳥居耀蔵（ようぞう）による蘭学つぶしの策謀だった。耀蔵は幕府大学頭（だいがくのかみ）林述斎（はやしじゅつさい）の三男で、保守的思想から蘭学者を蛇蝎（だかつ）のごとく嫌い、隙あらば足下をすくおうと狙っていたのである。

老中水野忠邦の威を借りた鳥居の取り調べは執拗で、多くの蘭学者が処分され、あるいは牢につながれた。リーダー格の崋山は蟄居ののち切腹、榕菴のもとで『厚生新編』の翻訳を手伝っていた三英は、主家に累が及ぶのを恐れて自害、長英は逃亡したが捕らえられ、獄につながれた。

榕菴は蘭学の中心人物のひとりであり、逮捕者とも親交が深かった。本来なら同様の運命をたどってもおかしくなかったが、あやうく弾圧を免れた。

この理由は、政治に対する態度の違いにあったと見られている。崋山や長英は日頃から政治的発言が多く、それが幕閣の反感を呼んで、厳しい処分に結びついた。これに対して榕菴は、政治に口出ししなかったため難を逃れたというのである。

崋山、三英、長英、景保といった先達、同僚の悲劇を間近に見ながらも、榕菴は決してその歩みをとめようとしなかった。晩年は病に苦しめられながら、『厚生新編』や『舎密開宗』の完成に取り組んだ。『植学啓原』に続いて『動学啓原』の出版も目論んでいたが、果たせぬまま、弘化三年（一八四六年）、四八年の多産な生涯を閉じた。

幕末の激動を前に、榕菴は西洋科学移入のためにたゆまぬ努力を続けた。その果敢な挑戦には、道半ばで倒れた先人たちの志を継ぐという思いもあっただろう。結果的に、その広大な学問を通して、日本における科学革命の担い手となったのである。

榕菴自身は政治的関心が薄く、維新の志士でもなかった。だが、弾圧を恐れぬ志とその情熱において、彼らの仲間だったのかもしれない。

第三章　過渡期の異才たち

司馬江漢——西洋絵画から近代を覗いた多才の人

紀州侯の御前で地動説を講じる

その日、紀州徳川家の居城和歌山城では主の徳川治宝（はるとみ）に今しもひとりの絵師が謁見していた。絵師の名は司馬江漢。江戸で人気の町絵師で、先頃、西洋天文学の紹介書を刊行して蘭学者としても売り出し中の才人である。

「司馬江漢殿にございます」

「おお、江漢か。ようまいった。そなたのことはようぞんじておる。地動の説についてじきじき問いたいことがあるゆえ、地図をもって近うまいれ」

画家、蘭学者として江戸でも知られた司馬江漢が、紀州侯徳川治宝の御前で、地動説を講じたのは寛政年間のことだった。

講じると言っても、紀州侯が直接江漢の話を聞くわけではない。身分制度の厳しい当時、徳川御三家のお殿様が、身分の低い町絵師に直接言葉をかけることなどありえなかった。席を隔てて家臣と対話するのを聞くだけ、質問も家臣を通して行われるのが通例だった。

ところがいざ御前に進み出ると、治宝侯は江漢のことは前から知っていると言って、近くに寄るよう命じた。そして家臣を通さず自ら質ねると言い出した。

天下の紀州侯が町絵師にじきじき御下問なさるなど、まさに前代未聞、異例中の異例。側近の家臣は思わぬ事態に狼狽した。

だが、江漢は臆することなく、持参の天体図と世界地図をもって近くに上がった。

「おそれながら、地動の説と申すは波蘭国は刻白爾殿の説にて、その本旨たるや……」

そして天地の理たる地動の説を堂々と開陳したのである。

熱のこもった講義を聞きながら、治宝はたびたび鋭い質問を発した。すべての講義が終わったあと、いたく満足した治宝は「今日はよい学問をした」と側近に漏らしたと伝えられている。

紀州侯に最新の西洋科学を進講するという栄誉をになった江漢は、しかし専門の蘭学者ではなかった。本職は美人画を得意とする浮世絵師である。

司馬江漢、本名安藤吉次郎は、延享四年（一七四七年）江戸・四谷に生まれた。生家の商売、家族構成などはよくわかっていないが、江漢自身の回想によれば、父は江漢が一〇代前半の時に亡くなり、母は七〇歳を超える長寿をまっとうしたという。

江漢は、幼い頃から画才を発揮し、達磨の絵を巧みに描いて大人たちを感心させた。

やがて絵の道を志した江漢は、最初、狩野派に学び、その後、唐絵師楠本雪渓（宋紫石）から唐絵の一派南蘋派を学んだ。

また浮世絵に熱中し、鈴木春信（はるのぶ）の模写に励んだ。春信は繊細、優美な美人画で、当時、人気絶頂の浮世絵師だった。生来の器用さで、春信の作風をわがものにした江漢は、心の師にあやかって鈴木春重（はるしげ）と号し、人気浮世絵師のひとりとなった。

その絵師がなぜ蘭学に目覚めたのか、その理由はよくわかっていない。一説には唐絵の師雪渓が、かの平賀源内と懇意だった関係で、江戸の蘭学サークルに出入りしたのがきっかけとされている。

当時の江戸はちょうど蘭学が流行し始めたところだった。江漢は元来、新奇なものや人を驚かせるものを好み、それによって名を立てたいという気持ちが強かった。その江漢が最先端の学問である蘭学に関心をもったとしても不思議はない。

彼は間もなく、前野良沢、大槻玄沢、森島中良などの蘭学者と親交を結ぶようになった。とくに大きかったのは平賀源内との交流である。江漢が洋風画（蘭画）に覚醒したのも、この才人の影響が大きかった。

銅版画を製す

前述のように、長崎で洋風画の技法を身につけた源内は、日本最初の油絵とされる「西洋婦人図」を残すなど、理論と実践の両面で洋風画を率いていた。源内から蘭書の動物図鑑『ヨンストン動物図譜』を見せられてその精緻な描写のとりこになった江漢は、しばらくして源内から洋風画の手ほどきを受けた。その時期はおそらく、安永二年（一七七三年）、鉱山開発のため秋田藩の招きで秋田に赴いた源内に随行した折りではないかとされている。

源内は藩主佐竹義敦（曙山）の求めで、藩士の小田野直武に陰影法などの技法を伝授した。これが曙山、直武らによるいわゆる「秋田蘭画」の始まりとなったが、この際、江漢もともども手ほどきを受けたと考えられているのである。

江漢の洋風画への関心は、蘭学への情熱と重なっていた。西洋の知識を吸収していくうちに、ますます洋風画の魅力に惹かれた江漢は、ついに自ら腐食銅版画（エッチング）の製作に着手することにした。

しかし当時の日本には、銅版画の製作を試みた者はひとりもいなかった。さすがの源内も手がけていなかった。そのため蘭書の該当記述から学ぶほかなかったが、江漢にはひとつの大きな弱点があった。もとが蘭学者ではなかったため、オランダ語が不得手だったのである。

司馬江漢「三囲景図」（国立国会図書館蔵）

そこで頼ったのが蘭学者仲間の大槻玄沢だった。

玄沢は前野良沢にオランダ語を習い、杉田玄白から『解体新書』の改訂を託されるなど、大秀才として知られていた。玄沢にショメールの『日用家庭百科辞典』やボイスの『科学技術新辞典』の当該箇所を訳してもらった江漢は、それをもとに独学で取り組み始めた。

銅版画の製作には、酸や防食剤などに関する化学知識が必須である。つまり芸術家のセンスに加えて科学者の知識が求められる。多才で好奇心旺盛な江漢は、こうした分野の開拓者にはうってつけだった。

一七八三年、江漢はついに最初の銅版画「三囲景図」の製作に成功した。川沿いの風景を描いたその画面には、当時、オランダや中国から入ってきていた眼鏡絵の影響が見られる。

眼鏡絵とは、覗き眼鏡という装置を使って見るからくり絵のことである。遠近感を強調して描かれた風景画をレンズで覗く。すると相乗効果で、国内の名所や異国の風景が目の前にあるがごとくに浮かび上がり、手を伸ばせばつかめるようだった。

川のカーブや対岸風景などによって巧みに遠近感をあらわしたその作品は、鮮やかな着色とあいまって、今見ても新鮮である。平板な浮世絵を見慣れた当時の人々は、さぞ驚いたことだろう。

最初の成功に気をよくした江漢は、次々に銅版画を製作、この分野における彼の代表作となる「東都八景」を完成させた。こうして彼はほとんどゼロから出発して、和製銅版画の開拓者となったのである。そこには並々ならぬ才能に加えて、思いこんだらがむしゃらに突進するバイタリティーが見てとれるだろう。

江漢は続いて自ら蠟画（ろうが）と呼んだ油絵にも挑んだ。これは日本画の岩絵具を荏胡麻（えごま）油で溶かし、絹地に描くもので、書物から学んだ技法に独自の工夫を加えたものだった。代表作には「相州鎌倉七里浜図」「異国風景人物図」「学術論争図屛風」などがある。

江漢の銅版画と油絵はその後の日本近代絵画の発展に大きな影響を与えた。「鮭」（重要文化財）などの名作で知られる近代絵画の祖高橋由一（ゆいち）は、半世紀以上あとの画家だが、江漢を深く

高橋由一「司馬江漢像」（東京藝術大学大学美術館蔵）

尊敬し、その継承者を自任していた。由一の傑作「司馬江漢像」のリアルな描写は、西洋画を切り開いた先達に対する敬愛の情があふれるようである。

科学的世界観と洋風画

なぜ、江漢はあれほど傾倒した春信風の浮世絵を捨てて、洋風画にのめり込んでいったのだろうか。

浮世絵は日本が世界に誇る絵画芸術である。その独創性や芸術性を総合的に見れば、日本の近代絵画はついに浮世絵を超えられなかったとも言われるほどだ。その浮世絵で名を挙げた江漢が、浮世絵を捨てた。そこには異国の風物や文化に対するあこがれや、功名心以上の動機があったと考えるのが普通だろう。

江漢が洋風画にこれほど傾倒した理由は、結局、そのリアリズムにつきる。江漢は寛政一一年（一七九九年）に刊行した画論書『西洋画談』において、西洋の絵画についてこのように述べている。

西洋画は筆意というようなことより、ただ自然の真相(造化の意)をとらえることのみを眼目とするのである。

(『西洋画談』)

画というものは……写真、つまり真を写していなければならない。

(同)

画とは真を写すものである。銅版画と油彩の実践に基づいて、江漢はリアリズムこそが西洋画の真髄だと喝破(かっぱ)したのである。この直観力はやはり並ではない。

ルネサンス以降、自分とそれを取り巻く世界をありのままに把握したいという欲望が西欧諸国を支配した。デカルトは客体化された世界を合理的に分析することで、それに接近しようとした。そこから実証的な近代科学への道が拓かれた。

絵画における幾何学遠近法の成立も、同じ欲望の産物だった。世界を正しく把握しうるのは、神の目でも王の目でもない。一個の主体である人間の目を通してこそ、世界の真の姿は開かれる。この人間的な欲望を決定的にしたのが、一八世紀の近代市民社会の成立であり、その文化は人間の感覚や思考に対する信頼を基本としていた。

市民文化の発展は西洋に限ったわけではない。同じ頃、日本でも江戸の経済的発展により、江戸市民としての自意識が芽生え、町人文化の花が開いた。この時代に、写実性と立体性を備えた洋風画が動・植物図鑑、天文図、地図、解剖図、覗き絵などを通して流れ込んできたのである。それらを手本に実作してみると、浮世絵で見慣れた富士や日本橋界隈の風景が、まったく新しい相貌を見せ始めた。江漢はこの時、ついに求めていたものに出会ったという確信を抱いたにちがいない。

これこそが自然や風景の真の姿である。西洋画にあるこのリアリズムの技法が、浮世絵には欠けている。それどころか、浮世絵の形式や技法はむしろ真実を覆い隠す役目を果たしてきたのではないか。

洋風画によってあるがままの現実を表現したい。この思いは、蘭学の知識によって世界の真相を知りたいという欲求とも重なっていた。『解体新書』に示された解剖学、天文地理、そして究理の学（物理化学）。西洋の学問には江漢の思いに応えてくれる理論的で、実証的な知識があった。

この後、江漢はそのような西洋を美化し、生涯を通じて情熱的に賛美し続けることになる。

長崎行き

蘭学と洋風画にのめり込んだ江漢は、天明八年（一七八八年）四月、長年の遊学の夢を果たすべく江戸を離れた。目的地は言うまでもなく蘭学の聖地、長崎である。

江戸を発つ際、江漢は所持金のほか、自作の江戸名所絵の銅版画、地球図、油絵、覗き眼鏡などを携えていった。当時、江戸から長崎への旅は大旅行で、途中にどのような障害が待ち受けているかわからない。万一、路銀が足りなくなれば、それらを売り払って足しにするつもりだった。さいわい緊急事態には至らなかったが、それらの道具は旅先での交流に大いに役立った。

とくに絶大な威力を発揮したのが覗き眼鏡である。

江漢はそれに自製の銅版画を入れて、女郎でもお殿様でも、誰彼かまわず覗かせた。

「なんとまあ、きれいなこと」

「ほんに江ノ島が目の前にあるような……」

「おおっ、参勤交代の折り、掛川より眺めた富士そのままじゃ。あっぱれ。江漢に褒美をとらすぞ」

遊女も殿様も一様に感嘆の声を上げ、格段のもてなしを受けることができた。

半年後、ようやく長崎にはいった江漢は、オランダ船に乗船してそのスケールに度肝を抜かれたり、捕鯨の現場を見学して胸躍らせたりと、初めての長崎遊学を満喫した。そのうち江戸に残してきた家族を思い出し、にわかに帰心が芽生えた。

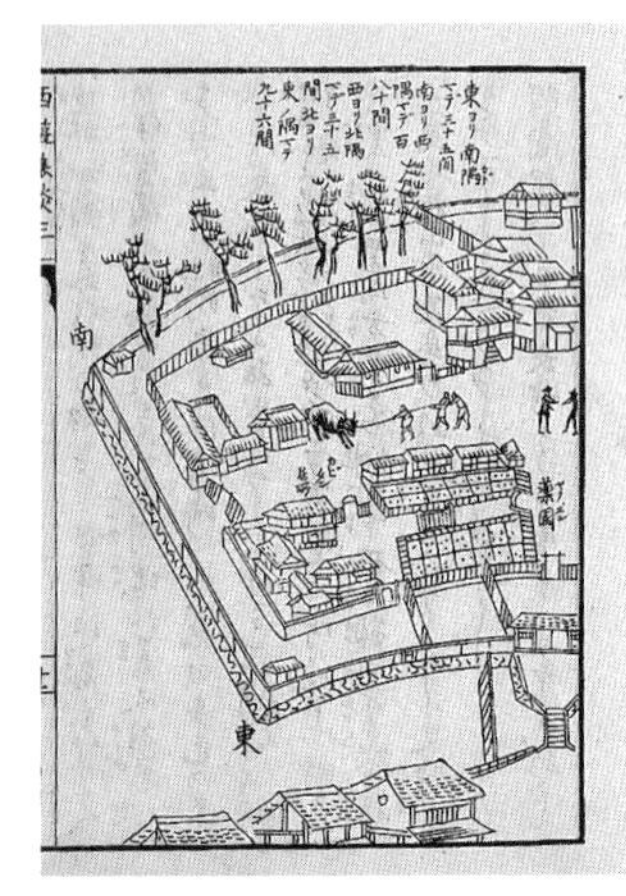

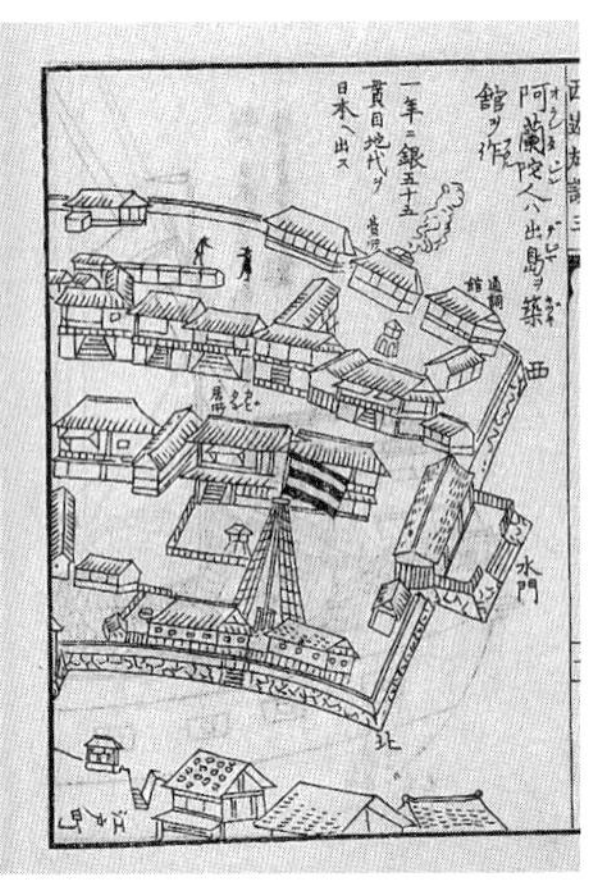

司馬江漢『西遊旅譚』より出島の図（国立国会図書館蔵）

江漢は三〇代後半まで独り身を通していたが、勧める人があって妻をめとり、子ももうけた。そのため家族を思う気持ちが人一倍強かった。女房子供に会いたい。矢も立ててもたまらなくなった江漢は、予定を早めに切り上げ、翌年一月には長崎を発ち、四月に江戸に帰り着いた。

この遊学の成果は旅先に題材をとった油絵や、西洋科学の啓蒙的著作、長崎紀行『西遊旅譚』などにあらわれたが、なかでも蘭学者江漢の地位を決定づけたのが、銅版画の世界地図や天球図だった。

地動の説

蘭学を学んだ江漢がとりわけ興味をもったのは、天文地理だった。そこには単なる興味を超えて、江漢の実学志向が強く働いていた。

最初に手がけたのは世界地図の製作だった。彼は世界と交易するためには、まず世界の地理を知り、あわせて、航海術の基本となる天文学を知る必要があると考えたのである。まさに卓見だが、それに加えて即座に実行に移す行動力が江漢の真骨頂だった。

寛政四年（一七九二年）には、「輿地全図」を製作。これは日本初の銅版画による世界地図となった。同時にその説明書となる『輿地略説』も刊行した。続いて銅版画の「地球全図」、「天球図」を製作し、あわせて『地球全図略説』、『和蘭天説』を刊行した。

いずれの著作も得意の絵を駆使しながら、文字と図で新知識をわかりやすく説いたものだった。このうち『和蘭天説』には、彼が生涯を通じて心酔したコペルニクスの地動説が論じられていた。

江漢が地動説に心動かされたのは、太陽と惑星の運行に関するその説に、天文地理のエッセンスを見たからだった。だが、それ以上に、その意表をつく発想が江漢の天の邪鬼な個性にマッチしていたからだろう。前述のように彼は人を驚かせることがなにより好きだった。そこからすれば、常識をひっくり返す地動説ほど愉快な素材はなかった。

おまえたちはみな、動いているのは、おつむの上にあるあのお天道様だと思っているだろう。ところが、どっこい。実はそうではないのじゃ。動いているのはこの足下の地面なのじゃ。

なに、ちっとも動いてない？　それはおまえたちの愚鈍な心が、この天地の理法を感得できないからだ。

よいか、目をつむって、おのれの足下に思いをこらすがよい。

ほれ、どうだ。少しばかりぐらぐらとしてきただろう。おまえたちが不動と信じておるこの地面は、今も時々刻々、とてつもない速さで動いておるのだ。

どうだ、驚いたか。

これは、わしが勝手に言っているのではないぞ。西洋のこっぺるというえらい学者先生がそう申されておるのだ。天が動かず、地が動く。これこそ天地不変の真理なのだ。どうだ、おそれいったか。

へえーっ、さようですかい、といったぐあいである。

当時、地動説を知る者はまだ少なかったから、話を聞けばさまざまに反応したことだろう。驚き、感心し、あるいは否定、反発する。いずれにしても、江漢は誰彼なくその説を語り、反応を楽しんだにちがいない。

ただし肝心の江漢が、地動説をどの程度正確に理解していたかとなると、少々心許なかった。大筋の理解はできていても、ケプラーとコペルニクスを混同したり、天動説と地動説が混在するなど、同じ頃『暦象新書』で地動説を論じた志筑忠雄などの精緻な理解には到底及ばなかった。

もともと江漢の説は、ほとんどが志筑の師にあたる本木良永の『新制天地二球用法記』の受け売りだった。

本木が『和蘭天説』の五年前に著した書物（未刊）には、コペルニクスの地動説に関する記述があり、これがわが国最初の地動説紹介だと考えられている。江漢は長崎遊学の折りに本木と交流し、その説を知ると、たちまち地動説の伝道者となった。そしてついには紀州中納言の御前でそれを講じるまでになったのである。

『和蘭天説』以降も、江漢は『刻白爾天文図解』、『天地理譚』などをあらわして、地動説の普及に努めた。

こうして天文地理や地動説の啓蒙者として大きな役割を果たす一方、江漢は源内ゆずりのからくりの才も発揮した。

源内ゆずりの

前述の覗き眼鏡は彼の手製だったし、オランダ語の文献を参考に補聴器などもつくっている。そのほかにも写生用写真鏡、コーヒー挽き器などを製作した。

それだけでなく、商品を紹介する引札（広告チラシ）をつくり、補聴器には「眼鏡」に対比させて「耳鏡」と名づけるなど、コピーライターとしての才能も示している。このあたりも源内ゆずりだったのだろう。

浮世絵、銅版画、油絵、天文地理、からくりと、つねに時代の先端を走ってきた江漢だったが、時代は幕末をにらみながら急加速し始めていた。蘭学では志筑忠雄、桂川甫周、大槻玄沢といった学識も語学力もある秀才が活躍し、銅版画では弟子の亜欧堂田善（あおうどうでんぜん）に技量で追い抜かれた。

こうして江戸の革命児は、少しずつ時代の役割を終えていったのである。六〇歳を超えた頃には、絵を描くことも少なくなり、『春波楼筆記』や『独笑妄言』など、どこか虚無的で厭世的な影のある回想録や身辺雑記などの著述が主体になった。

壮年期の江漢は殿様であれ、学問の権威であれ、臆せずに滔々（とうとう）と自説をまくしたてたものである。時には痛烈な批判を浴びせ、師の平賀源内や、世話になった大槻玄沢までやり玉に挙げた。

また、奇矯な行動や、大風呂敷で人を煙に巻いては、奇人や山師と言われた。

若い頃にはそれが進取の気性となって、さまざまな試みに挑戦させた。だが、我が強く、あまり人に感謝しない性格は時に周囲の反発を買い、味方を敵に変えることもあった。そのため晩年は、かつての蘭学仲間や絵仲間とも疎遠になっていった。当時としては長命ゆえに、友人、知人を送る機会も多くなり、ますます寂しさがつのっていった。

晩年の江漢にまつわる次のようなエピソードも、そんな孤独のなせるわざだったかもしれない。

死んだはずだよ

「おお、これはよいところで。お聞きになりましたかな、あなた。やはり、生きていたそうではございませんか」

「そうそう。幽霊ではなく、本物だったそうな」

「まったく人騒がせな話ですが、これも先生らしいと言えば、先生らしい。昔から人を驚かすのが趣味のようなお方でしたからな」

「例の地動の説か」

「はい。あれも人をびっくりさせては、ひとり悦に入っていた節があります。当人もどれほど信じていたやら」

「いずれにしても、先生の言たるもの、話半分に聞くのがよさそうだな」

「半分どころか三分でもまだ多すぎるくらいでしょう」

江戸の町でばったり出会ったふたりの蘭学者が話しているのは、われらが江漢先生の噂話である。先頃、ふたりは先生の知人という人物から木版画の死亡通知を受け取った。そこには次のような内容の文面が記されていた。

〈江漢先生は老衰し、すべてに飽きて、老荘のような境地で晩年を過ごされていたが、先頃、相州円覚寺の禅師の弟子となり、悟りを開いたのち亡くなった〉

あの変わり者の江漢先生も、ついに逝ってしまわれたか。江漢の生き様を知る友人、知人は感慨にふけった。

だが彼らが驚いたのはそれからだった。死んだはずの江漢先生に町で出会ったという者があらわれたのである。

その話によれば、芝あたりの路を歩いていたところ、先生とおぼしき老人に出会った。気づいて呼びかけても答えない。さらに追うと、「死人が口をきくか」と怒鳴って、行ってしまわれた。だが、あれはどう見ても江漢先生に相違ない。

死んだはずの江漢先生が町にあらわれた。この驚くべき目撃談はたちまち友人や知人たちの間に広まった。

そんなばかな。おそらくは錯覚か、妄想。あるいは嘘いつわりのたぐいだろう。いやいや、あの御仁にかぎっては正気も正気、それに決して嘘をつくようなお方ではない。だとすれば、この世に思いを残す先生の幽霊だろうか。いや、そんな、まさか、と、なんともかまびすしいことである。

だが、真相はいずれでもなかった。その人が出会ったのは本物の江漢先生。なんのことはない。先生はまだご存命で、町を徘徊できるほど壮健だったのである。

死亡通知は江漢が自作して、知人に送りつけたものだった。まったく人騒がせな話である。日頃から鬼面人を驚かすような言動を好んだ江漢であるから、今回の奇矯な行動もいたずら心のなせるわざだったのか。いや、やはり彼は寂しかったのだろう。唯我独尊で走ってきた強気の絵師も、ついに老いの孤独には勝てなかったのである。

江漢が本当に亡くなったのは一八一八年、七二歳の時だった。

江漢を蘭学者として見れば、その業績は玄沢のような秀才たちに及ばず、多芸多才でも源内の陰に隠れた。画才でも北斎や写楽には敵わなかっただろう。それは、あるいはあまりに多くを求めすぎたゆえの反動だったかもしれない。

しかし彼はその類い稀なセンスで、一八世紀江戸文化の先端に深い共感を寄せ、結果として数々の新分野の開拓者となった。なにより終生、権威や権力におもねることなく、市井の一芸術家、一好学者を貫き通した。

その自由闊達でどこかあやうく韜晦（とうかい）した人生には、江戸のルネサンス人であった師源内とはまた違う、早すぎた近代人としての魅力が溢れているだろう。

国友一貫斎——反射望遠鏡をつくった鉄砲鍛冶

江戸の近代技術者

江戸時代後期、大坂の天文学者間重新(はざましげよし)は、ある鉄砲鍛冶がつくった反射望遠鏡を使用する機会をえた。

重新は幕府の改暦作業に携わった「観測の達人」間重富の長男で、父と同様、観測にかけては幕府天文方も及ばない経験と技術を身につけていた。また、幕府から貸与された望遠鏡によって当時の望遠鏡の性能も熟知していた。

それだけにはじめはあまり期待を抱いていなかった。名のある鉄砲鍛冶と言っても、しょせんは素人。どうせ手慰み程度だろうと高をくくりながら、軽い気持ちでレンズを覗いたのだった。

「なんと……」

次の瞬間、重新の口から漏れたのは驚愕の声だった。

「こないなことが……、信じられへん」

そこに映っていた天体の像の鮮明なこと。幕府天文方が採用していた望遠鏡より数段上だったからである。

一介の鉄砲鍛冶がいかにしてこれほどの技術を身につけたのか。重新は信じられない思いで、何度もその望遠鏡を覗き込んでいた。

天体観測の達人を驚嘆させたこの望遠鏡をつくった男こそ、数々のからくり細工で江戸を代表する名工とうたわれた国友藤兵衛(とうべえ)重恭(しげゆき)である（以下、号の一貫斎で記す）。とりわけその望遠鏡は世界的な性能を有し、これを使って自ら天体観測を行い、数々の天文学的業績を挙げた。

国友一貫斎は、安永七年（一七七八年）、近江国国友村（現在の滋賀県長浜市）に五人兄弟の長男として生まれた。生家は代々鉄砲鍛冶で、年寄に次ぐ年寄脇を務める家柄だった。

国友鉄砲鍛冶の起源は遠く鉄砲伝来にまでさかのぼるとされている。その後、織田信長、豊臣秀吉、徳川家康といった戦国大名の手厚い庇護を受け、泉州堺（現在の大阪府堺市）と並ぶ鉄砲生産のメッカとなった。最盛期には五〇〇人の鉄砲鍛冶が集まっていたという。

その技術集団の中で、一貫斎は早くから才能の片鱗をあらわした。一七歳で父の跡を継いで九代目藤兵衛となり、二二歳の時には弟子も取っている。その後もひたすら腕を磨き、国友鉄砲鍛冶を代表する職人に成長した。その一方で、科学者、発明家としても数多くの業績を残すようになる。

彦根事件

一貫斎が広範な業績を挙げる転機となったのが、彼が三四歳の時に勃発したいわゆる「彦根事件」である。事の発端は彦根藩の御用掛となった一貫斎が藩から直接鉄砲の注文を受けたことにあった。

従来、国友鉄砲鍛冶では鉄砲の受注は年寄四家が一括するならわしだった。権限を侵害された年寄たちは怒って彦根藩に抗議したが、藩はこれを受けつけず、かえって年寄たちを出入り禁止にした。これを不服とした年寄たちは幕府に訴え出た。

こうして事件は一貫斎、彦根藩、国友鉄砲鍛冶、さらには幕府をも巻き込む大事件に発展した。

幕府としては年寄制度の軽視による秩序破壊は好ましくなかったが、この頃には家康以来の制度の弊害も目立ってきていた。しかも相手は譜代筆頭の彦根藩とあって、対応に苦慮した。年寄側にも文書偽造などの不正や落ち度があることが指摘され、結局、年寄側の敗訴となり、二名が処分された。一方、一貫斎にはなんのおとがめもなかった。

事件後、一貫斎は彦根藩に限らず諸大名から直接鉄砲を受注できるようになった。諸藩に出入りするうちに、西洋の文物や情報に接する機会も多くなり、これが科学技術に目を開くきっかけとなった。

彼の技術的資質を鍛えたという意味では、約五年におよぶ江戸滞在体験も大きかっただろう。事件の詮議のため江戸に出た一貫斎は、解決後も江戸にとどまり、さまざまな職人から技術を学んだ。学者や文人とも交友し、自由な空気の中で新知識をぞんぶんに吸収していった。

こうした軌跡はルネサンス期の西洋の職人たちを連想させる。彼らも中世にはギルドという職業別組合に縛られていたが、ルネサンス期になると一部はギルドを離れて自由に活動するようになった。人、物、情報の自由度が増したことにより、彼らは創意工夫の才を大いに発揮し、ルネサンスの技術文化を開花させたのだった。

その自由な職人の代表が、かのレオナルド・ダ・ヴィンチである。

昭和初期に『一貫斎国友藤兵衛伝』をあらわした銃砲史研究家有馬成甫（ありませいほ）は、一貫斎は彦根事件を引き起こした張本人だが、同時にその事件が一貫斎という一大収穫をもたらしたのだと述べている。けだし名言だろう。

気砲の製作

事件解決からまもなく一貫斎は寛政の改革を断行した前老中松平定信から、鉄砲の製作マニュアルをつくるよう求められた。これを受けて『大小御鉄炮張立製作』という解説書を著して献上した。また、さらに書物として刊行した。

これは当時としてはまったく異例のことだった。従来、鉄砲の製作法は師弟関係の中でのみ伝えられる秘伝であり、門外不出とされてきた。定信があえてその公開を求めたわけは、ロシア船の出現など日本近海をめぐる不穏な情勢と、これに対する強い危機意識にあったと考えられている。

それからまもなく一貫斎は彼の名を一躍高らしめた風砲の製作に取り組んだ。風砲とはポンプで空気を圧縮し、その圧力で銃弾を飛ばすもので、現在で言えば空気銃にあたる。

一貫斎が風砲について最初に知ったのは江戸に上る前だった。オランダ渡来のその銃について、かねて懇意の近江国膳所(ぜぜ)藩の藩医山田大円から説明を受けたのである。一貫斎はすぐにその構造を理解し、模型の製作にも成功した。

この後、彼は江戸に出てきた山田大円宅で風砲の実物を見せてもらった。この銃は将軍家献上品だったが、当時は故障しており、修理できる者はいなかった。腕を見込まれて修理を依頼された一貫斎は、たちまちそれを成し遂げた。

作業の中で多くの改良点を見つけた一貫斎は、さらに高性能な気砲(一貫斎は風砲ではなく、この呼称を好んだ）の製作に挑むことにした。製作にあたっては鉄砲鍛冶の技術が活かされたのみならず、気圧の概念を理解し、空気の重さを日本人で初めて測定するなど、彼の科学知識が随所に活かされた。

完成した気砲は老中酒井忠進（ただゆき）の前で披露され、その性能を余すところなく発揮した。これを機に諸大名からも注文が殺到するようになった。その後、さらに改良を加えた二〇連発式の元込め式早打ち気砲も完成させている。

未知の器械を見てその構造を見抜き、たちまち改良版をつくってしまう。一貫斎の技術的ポテンシャルの高さを示すエピソードと言えるだろう。

天狗寅吉異聞

国友能当（よしまさ）「では寅吉殿におたずね申す。これは、ある人に頼まれた質問ですが、この人は雷が怖いので、雷が鳴る気ざしだけで頭痛やめまいがして寝込んでしまう。激しい時には気絶してしまうこともある。なにか雷を恐れないですむ方法はないものですか」

寅吉「その場合にはなるべく高い山の上に穴を掘り、その中に一晩入ってから、穴の中の赤土をひとつかみほど取ります。それから古木の根を切り、土といっしょに紙に包んで蓄えておきます。雷鳴の時にはこれを臍（へそ）の上にあてて、心をおちつけていれば少しも動じることはありません」

（平田篤胤『仙境異聞』を現代語訳）

江戸における一貫斎の交友で特筆すべきは国学者平田篤胤との出会いである。

従来、篤胤は「平田神道」の国学者であり、科学や技術とは縁遠い人物と見られてきた。だが近年では、諸学に精通する博学者で、科学的素養も相当なものだったとわかってきている。

一貫斎は前出の山田大円の紹介で篤胤と出会い、彼を中心とする学芸サロンに出入りするようになった。多くの場合、当時の江戸や大坂には学者、医師、文人などからなる一種の知的サロンが存在した。科学的関心も共有されていたので、一貫斎にとっても大きな刺激となった。

そんなサロンでの交友が生んだ興味深いエピソードが天狗小僧寅吉（高山寅吉）との出会いである。

天狗小僧寅吉とは、文政三年（一八二〇年）江戸に現れ、天狗の導きによって異界と交流してきたと主張した少年である。少年の話は明快で、この手の輩につきものの思わせぶりやあいまいさがまったくなかった。そのため、篤胤、一貫斎をはじめ多くの知識人を魅了した。

この天狗小僧と江戸の文人たちとの問答を記した書物が『仙境異聞』である。これには一貫斎も国友能当（能当も一貫斎の号）として登場して、さまざまな分野の知識について寅吉と問答を交わしている。

その内容は前掲の雷を避ける方法から、疫病対策、不治の病の治療法など多岐にわたり、電気学、医学、技術など一貫斎の幅広い関心が反映されている。篤胤も月表面の地形などに当時の最新の科学知識を披露している。

寅吉の回答は明快だったが、科学的なものではなく、大方は古来の仙術や民間信仰の受け売りだった。と言っても、篤胤や一貫斎がオカルトや神秘主義にかぶれたというわけではない。『仙境異聞』の仙境（仙郷）とは、仙人の住む世界という意味である。現代では、こうした世界は観念や想像の産物であり、必ずしも物理法則に支配されない異世界だと考えられている。しかし一貫斎の時代の感覚は違っていた。仙境には想像の世界だけでなく、極地や高山、大陸、月、惑星といった未踏の世界も含まれていたからである。

その世界にも、われわれと同じ物理法則が適用されるのか。この点については同時代の学者の考えはあいまいだった。なぜなら、森羅万象は同一の物理法則に支配されているという近代的な世界観の輸入以前だったからである。

逆に言えば、だからこそ篤胤や一貫斎は寅吉の異界話に熱心に耳を傾けたのである。つまりその関心は、地動説などに刺激された天体に関する知識欲のあらわれでもあった。

天体の姿をこの目で見て、西洋天文学の理論を確かめたい。こうした思いが、やがてひとつの決定的な出会いへと一貫斎を導いた。

生涯の大事業に

一貫斎がその器械を初めて見たのは、尾張犬山藩の江戸屋敷を訪れた折りのことだった。技術の天才はひとめでそのとりこになってしまった。

彼が運命的な出会いを果たしたのは、オランダ製のグレゴリー式反射望遠鏡だった。イギリスのジェイムズ・グレゴリーが一六六三年に提案したこの望遠鏡は、従来の望遠鏡にはない画期的な機構を備えていた。

よく知られているように、望遠鏡には大きく分けて二つの方式がある。すなわち屈折式と反射式とである。

屈折式は凹凸二枚のレンズを組み合わせ、凸レンズの対物レンズで光を集め、凹レンズの接眼レンズで覗く。一七世紀初めにオランダで最初につくられた望遠鏡はこの方式だった。かのガリレオが屈折望遠鏡を自作、これを使って初めて天体観測を行ったことはよく知られている。その結果、月の表面の凸凹、木星の四つの衛星、土星の二つの衛星などを発見、星雲は多くの恒星の集まりであり、天の川も無数の恒星の集合体であることも明らかにした。

ただ、ガリレオ方式には倍率を上げると、視野が狭くなるという欠点があった。そこでケプラーは二枚とも凸レンズを使う方式を考案し、屈折式における主流となった。しかし、屈折式

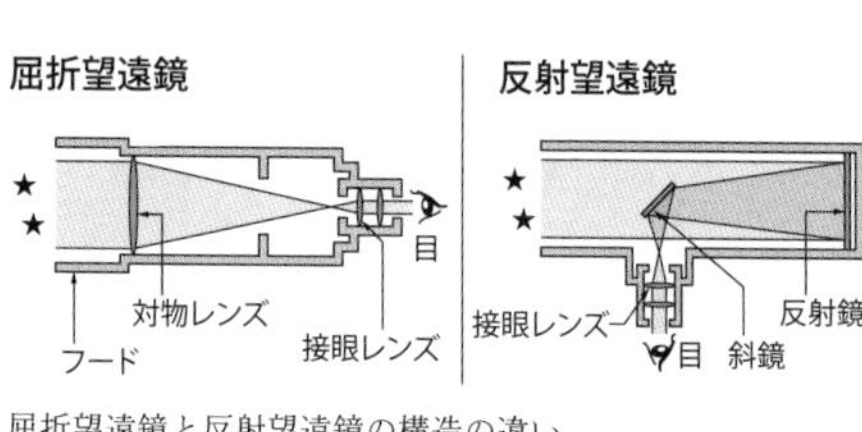

屈折望遠鏡と反射望遠鏡の構造の違い

にはもうひとつの固有の欠点があった。それはレンズを大きくすると、レンズの「収差」によってボケ、歪み、色ジマなどが生じることだった。これが倍率向上の制約となった。

これを克服したのがグレゴリーの反射望遠鏡である。

グレゴリーのアイデアは二枚のレンズの代わりに、二枚の凹面鏡を使うことだった。主鏡の放物凹面鏡で光を集め、それを副鏡の楕円凹面鏡で反射させ、主鏡の中央に空けられた穴から光を真後ろに導き出す。これにより歪みや色ジマを防ぐことが可能になり、大口径の望遠鏡を比較的安価につくれるようになったのである。一六六八年にニュートンがつくったニュートン式反射望遠鏡はこれを参考にしている。

魔鏡と日本最初の反射望遠鏡

望遠鏡の魅力につかれた一貫斎は、最初購入も視野に入れたが、輸入品は高価すぎて、とても一鉄砲鍛冶には手が出せなかった。悩んだすえ、彼はついに決断した。

「よし、だったら自分でつくってしまおう」

もともと彼が望遠鏡に惹かれた理由は、天文学への知的関心のみならず、その器械がもつ技術的魅力もあった。とくにレンズや鏡の研磨技術は、当時の日本にはないもので、そのハードルの高さが名工の技術者魂に火を点けたのである。

もとより困難は予想された。だが、一貫斎をおいてこの挑戦にふさわしい人物はいなかっただろう。その意味では運命の出会いと言ってよかった。

望遠鏡は一〇年の準備期間をへて製作開始された。この時、一貫斎すでに五四歳。当時としては老境と呼べる年齢だったが、その好奇心とチャレンジ精神は衰えなかった。

彼が取り組んだのは犬山藩江戸屋敷で見たのと同型のグレゴリー式反射望遠鏡だった。それまで日本でつくられた望遠鏡は、八代将軍吉宗の命でつくられた第一号望遠鏡から、高橋至時らが用いた泉州貝塚の岩橋善兵衛一族製のものまで、いずれも屈折望遠鏡だった。反射望遠鏡としては、これが本邦初となる。

反射望遠鏡の製作で最も困難なのは反射鏡の製作である。大きな球面鏡を正確に磨き上げるためには、きわめて高度な研磨技術が要求される。

一貫斎がこの難題を乗り越えるにあたって、大きくものを言ったのが「魔鏡」の製作経験だった。

魔鏡は、神鏡、宝鏡ともよばれる一種のからくり鏡である。普段は鏡として用いられる金属鏡に光を当てて壁などに投影すると、文字や像がぱっと浮かびあがる。まるで魔法のようだというので、その名がついた。

と言っても、魔術や神技にあらず。原理はいたって科学的なものだった。

鏡の裏面に模様を描いてから、鏡面を研磨し、目に見えないほどの凹凸をつける。この凹凸による反射光の違いを利用して像をつくりだすのである。もともとは中国から古代日本にわたり、神秘的な存在として神社・仏閣に奉納されてきた。いわゆる隠れキリシタンたちも、鏡の裏に十字架を刻んで、密かに信仰対象としてきた。

国友一貫斎のつくった反射望遠鏡（長浜城歴史博物館蔵）

一貫斎が初めて魔鏡を見たのは、水戸藩江戸屋敷に参上した折りだった。たちまちその原理を見抜いた名工は藩主に説明しただけでなく、後に新しい魔鏡を製作して献上したという。彼の光学原理の理解の深さと、研磨技術の高さがわかるだろう。

魔鏡製作の経験から反射鏡の材料には、高錫青銅を採用した。これは錫の含有率を一般の青銅より高めて、硬度や防食性、光沢の維持などを確保したものである。半面、その硬度ゆえに鋳造や研磨はきわめて困難だとされている。

一貫斎はこの難しい技術に敢然と挑み、約一年で製作を完了した。彼でなければ成功はとうてい望めなかったという点で、研究者の評価は一致している。

太陽黒点の観測

完成した日本最初の反射望遠鏡を使って、一貫斎は待望の天体観測を開始した。その観測成果は器械の性能を完璧に立証するものだった。

月の観測では、山、谷、海(平地)などの地形や、クレーターの凹凸、影などを確認し、記述した。惑星では土星の環、木星のしま模様、ガリレオの発見した衛星などをとらえた。そのスケッチは現代人の目から見ても驚くほど正確で精密である。

一貫斎の観測者としての功績でとくに重要なのが、太陽黒点の観測である。

彼は天保六年(一八三五年)から約一年間計一五〇日以上にわたって黒点の観測を行い、その表面温度や数、変化などを克明に記録した。

太陽黒点の観測はガリレオが一六一〇年に行ったのが最初だとされているが、日本ではかの麻田剛立が連続観察を行い、黒点の移動などを発見したのがもっとも早かった。だが、これほどの長期観測が行われた例は日本ではなく、その観測精度も世界水準に達するものだった。

素人学者の一貫斎が、これほどの天文学的成果を挙げられたのは、なんと言っても望遠鏡の性能にあっただろう。とくにレンズと反射鏡の性能は同時代の西洋をも凌駕していた。高度な研磨技術でつくられた歪みや傷の少ない精密な部品が、鮮明な像をえることを可能にしたのである。加えて生来の目の良さと、巧みなスケッチに示された絵心もあずかっていたと思われる。

この後、一貫斎は天保七年（一八三六年）まで何基かの望遠鏡を製造し、大名などに購入されたが、現存するのは四基のみである。上田市立博物館や彦根城博物館などに所蔵されているこれらの望遠鏡は、高錫青銅の威力を示すように、一八〇年たった今もその輝きを保ち続けている。

しかし、彼の高性能望遠鏡が幕府天文方に採用されることはついになかった。その理由は意外なところにあった。

もともと幕府に天文方が置かれたのは、天体観測を暦の製作や改暦作業に資するためだった。そのため彼らの関心は、もっぱら天体の運行の正確な観測に置かれ、天文上の新発見などにはほとんど興味を示さなかった。したがって高性能な望遠鏡も必要としなかったのである。

振り返ってみれば、一貫斎は江戸で天狗小僧と出会ったのと前後して、天狗の遠眼鏡（望遠鏡）に出会い、それを自作して、天狗小僧の語った異界をその目で眺めることになったわけである。思えば不思議な機縁であった。

名工の最期

一貫斎の発明は気砲、反射望遠鏡のほかにも数多い。そのひとつが「玉灯」や「ねずみ短檠」などの照明器具の発明である。

江戸時代に使われた照明器具は大きく二種類あった。ひとつは灯火に蠟燭を用いるタイプ。代表的なのが燭台や提灯である。もうひとつは灯油を用いるタイプで、火皿（油入れ）に満たした菜種油などに灯芯をひたし、その先に火を点すものである。玉灯やねずみ短檠は後者だった。

一貫斎の玉灯の特徴は、火皿の容量を大きくしたことと、灯火のまわりをガラスでおおったことにあった。油の容量の増大は点灯時間の伸びにつながり、また、ガラスの反射によって明るさが増した。

一方、ねずみ短檠は一種の自動供給機構を備えていた。火皿の油量が減ってくると、空気の働きで注油口から自動的に油が垂れてくる。これにより明かりを長時間保つことができた。ねずみ短檠の名の由来は注油口がねずみをかたどっていたことによる。

上記以外にも、彼が成し遂げた創意工夫は多く、鋼鉄製の弩弓、距離測定器、懐中筆（万年筆）などが知られている。

興味深いのは、彼が飛行機械の図面も書き残していることである。「阿鼻機流大鳥飛術」と題されたこの図面は、羽ばたき飛行機の設計図だと考えられている。

羽ばたき飛行機は西洋でも数多く設計されたが、成功したものはなかった。さすがの一貫斎も画期的なアイデアはなく、実際の飛行には結びつかなかった。とは言え、彼が抱いていた夢の広大さの証にはなるだろう。

一貫斎の最晩年のエピソードで印象的なのが、「天保の大飢饉」にまつわるものである。天保七年（一八三六年）に起こった未曾有の飢饉は、国友鉄砲鍛冶たちの生活も危機におとしいれた。この時、一貫斎は自作の天体望遠鏡を各地の大名に売り払って、その金で村人たちの危難を救ったと伝えられている。

しかしこの利他的行動の動機は、まずもって家族の救済にあったのではないだろうか。一貫斎は三六歳と晩婚で、遅く六人の子をもうけた。そのため家族愛が人一倍強く、病気がちな息子吉十郎のために神社・菩提寺への祈願を欠かさなかったというから、それも納得できる。

江戸技術の精華を示した一代の名工、国友一貫斎は天保一一年（一八四〇年）、六三年の生涯を閉じた。

その日、一貫斎は平素のとおり、子供の回復祈願のため神社と寺に参拝してから帰宅した。

帰宅後は仏壇の前で報告するのがならわしになっていた。いつものように正座して、手を合わせた時のことである。一貫斎の口から「あっ」と一言放たれたかと思うと、そのまま動かなくなった。

「旦那様！」

家人があわてて駆け寄ると、座したままにすでに息絶えたという。まことに見事な往生だった。

一貫斎は日頃から、自分の命と引き替えにわが子の病気を治したいと言い続けてきた。その言葉を思い返して、家人たちは涙を新たにしたという。

伝統と革新

一貫斎はひたむきな努力の人だった。独学で物理学、化学、天文学、博物学、軍学などを修め、再三にわたる全国行脚（あんぎゃ）で技術的見聞を広めた。その真摯な姿勢と人間性に接した者たちは、身分上下の差なく協力を惜しまなかった。

彼の技術精神は後述の田中久重（からくり儀右衛門）など幕末期の技術者に受け継がれ、明治期に近代工学として花開いた。したがって一貫斎こそわが国「近代技術の祖」と呼ぶことに異論はないが、同時にその業績の核には鉄砲鍛冶の伝統の技があったことを忘れてはならない。

技術革新と伝統は互いに相容れないものと思われがちだが、さらに遡れば、鉄砲鍛冶の起源は刀工の伝統にあった。彼らが卓越した鍛造技術や材料の知識をもって、火縄銃という西洋の技術を研究・消化したからこそ、世界水準の鉄砲製造も可能になったのである。

西洋の科学技術がいかにすぐれていても、受容者にそれを消化できる技術的蓄積がなければ根づかない。このことは西欧技術の受け入れにつまずいた国々の歩みがなにより証明している。

国友鉄砲鍛冶の伝統は江戸時代を通して継承された。その土台の上に一貫斎の天才は開花したのである。この関係を再認識するところから、技術立国日本の将来像も見えてくるのではないだろうか。

第四章　明治科学をつくった人々

緒方洪庵——医は仁術を実践した名教育者

裸の塾生

「福沢はーん」

酒に酔った塾生の福沢が二階の部屋でうとうとしていると、階下で女の呼ぶ声がする。

「福沢はん、いらはりますか……」

いつもの下働きの女かと思い、福沢は起き上がって外へ出た。

「なんだ」

階段の上で仁王立ちになってから、福沢は「あっ」と言ってその場に凍りついた。下から見上げているのはいつもの下女ではなく、塾の先生のお内儀だったからである。しかし福沢の狼狽は、下女と大事な奥様を取り違えたことばかりではなかった。彼はその時気づいたのである。さっきまで自分が素っ裸で寝ていたことを。ということは……。

しまった。顔から血の気が引いたが、今さら遅かった。逃げるに逃げられない。目をそらすこともできず、福沢はその場に立ち往生してしまった。

若い塾生の窮状を見かねたお内儀は黙って立ち去っていった。

大事な先生の奥様に、堂々と開チンしてしまったこの若者こそ、のちの大思想家福沢諭吉である。お内儀は「適塾」を営む緒方洪庵の妻八重だった。

大坂の適塾と言えば、この頃全国に名をはせる蘭学塾だった。その塾内で素っ裸とはいかにも不作法だが、福沢に限らず、それが夏の間は塾生の普段着がわりになっていたのである。勉強する時も、食事をする時も裸——。

これにはやむをえない事情があった。大坂の夏は暑い。しかも冷房どころか扇風機すらない時代、狭い部屋に大勢で同居していれば、その暑さは殺人的なものになる。自然、裸ですごす時間が多くなったのである。

とは言え、このような不作法がまかり通っていたのは、塾をたばねる洪庵の寛大さもあった。洪庵は日常生活では細かな指図はせず、塾生を比較的自由にさせた。めったに怒ることもない。しかしそれは勉学における怠惰や安逸とは別だった。

洪庵の教育方針は徹底した実力主義にあった。

オランダ語の原書の会読（輪講）では、塾生は習熟度別に一級から九級にまで振り分けられた。授業では文法や内容の解釈が正しければ○、誤答なら×を与えられ、成績の判断材料とされた。好成績者はいつでも進級が可能だった。

成績によって塾生部屋での席も変わったというから、その実力主義は徹底していた。また、成績上位の者は下位の者を教えるならわしだった。これによって上位者はおのれの知識を再確認し、下位者は勉強の遅れを取り戻すことができた。このような競争制度のもと、全国から集まった俊才が切磋琢磨するのだから、力が伸びないわけはない。

福沢が在籍していた頃、その実力はすでに江戸の名門蘭学塾をしのぐほどになっていた。と言っても適塾の実力主義は、無味乾燥な競争システムとは一線を画していた。そこには洪庵の、医術は「人のため」というおしえがつねに行きわたり、最高の人間形成の場ともなっていたからである。

こうした塾風が、幕末から明治にかけて日本をリードする逸材を輩出させたのだろう。

医学に志して

今も理想の教育機関として語り継がれる適塾の創設者緒方洪庵は、文化七年（一八一〇年）、備中国（岡山県）足守（あしもり）藩の下級藩士の三男に生まれた。

一六歳で元服してすぐ、父が大坂蔵屋敷留守居役となり、随って大坂に出た。翌年、蘭学者中天游の私塾「思々斎塾」に入門し、医学と蘭学を学んだ。

医学を志した動機について洪庵は、生来病弱だったため、人間のからだについて知りたいと思ったからだと述べている。彼自身、数年前に大流行したコレラにかかり、その惨状を目のあたりにして、医術の重要さを思い知ったことも大きかっただろう。だが、最大の理由は経済的なものだった。貧乏藩士の三男が自立の道を探るには医術が最適だったのである。

洪庵の最初の師となった天游は大坂の町医者だったが、究理学（自然哲学、現在の物理・化学）を志して橋本宗吉に弟子入りし、志筑忠雄の『暦象新書』に熱中した。気骨のある天游はシーボルト事件などで蘭学に逆風が吹いても臆することなく、ひとり師を支えて大坂蘭学の灯を守り続けた。

洪庵が究理学を重んじる天游門に学んだ意味は大きかった。究理学は西洋科学の根幹であり、医学の基礎でもある。その実証精神に学ぶことは西洋思想の真髄にふれることにほかならない。自ら化学実験も行うなど、洪庵はよく究理学を吸収し、一流の洋学者に育っていった。

四年間の研鑽ののち、洪庵は師の勧めで江戸へ遊学した。その途次、はからずも究理学に救われたというエピソードが残されている。

希望を胸に江戸に旅立った洪庵だったが、慣れない旅で思わぬ出費がかさみ、途中で旅費が尽きてしまった。無一文で上総の国（千葉県）を放浪していたが、空腹と疲労に耐えかねて道端にへたりこんでしまった。

「どうなされましたかな」

たまたま通りかかったひとりの僧が声をかけてきた。

「三日前からなにも食べておらへんのや。腹がすいて、腹がすいて、どないもこないもならしまへん。金も使い果たしてしもうて……」

洪庵は消え入るような声で答えた。

「それは難儀なことじゃのう。拙僧についてきなされ。

緒方洪庵

粥ぐらいは進ぜよう」

僧は近くの寺の住職だった。親切な住職は粥を恵んでくれたうえに一夜の宿まで提供してくれた。

「緒方殿と申されたな。江戸ではなにを勉強なされるおつもりじゃ」

元気を回復した緒方に住職が訊ねた。

「蘭学を」

「ほう、蘭学をな。それはご奇特なことじゃ」

洪庵は背負っていた袋から、一冊の本をいとおしそうに取り出した。

「これはな、わしの宝なんや」

そう言って、洪庵は敬愛する志筑忠雄の天文書『暦象新書』を僧の前に置いた。

「どのようなことが書かれておりますのかな」

「ここにはな、お天道さんがどないにして動くのか。お星さんがどないして動くのか。つまり、天地の理法が書いてありますのや」

洪庵は住職に請われるまま、その内容について語り始めた。蘭学に無縁な坊さんには、どれも初めて聞く話ばかりだった。

「いや、ゆかい。実にゆかいじゃ。こんなおもしろい話、わしがひとりじめしてはばちがあたる。仲間を集めて聞かせてやるとしよう」

住職はそう言うと、近隣の医師などを集めて、洪庵に講義させることにした。講義は大好評で、謝礼金も集まった。その金で身支度を調え、めでたく入府できたというわけである。「学は身を助く」といったところだろうか。

ようやく江戸にたどりついた洪庵は、当時評判の蘭学者坪井信道の門をたたいた。洪庵のたゆまぬ精進と学才はすぐに師の認めるところとなり、やがて学頭に抜擢された。

この時、洪庵と机を並べたのが、のちに「日本近代化学の父」と呼ばれる川本幸民である。ふたりはよきライバルとして、また無二の親友として、終生にわたる友情を結んだ。

江戸では西洋科学全般に通じた宇田川玄真に薬学も学んだ。玄真は本書にも登場する宇田川榕菴の義父で、坪井信道の師でもあった。

天保六年（一八三五年）、洪庵はいったん大坂に帰り、翌年にはさらに知識を広めるべく長崎へ遊学した。長崎では医者を開業し、そのかたわら、博学のオランダ人商館長ヨハネス・ニーマンから西洋医学や自然科学を学び、大いにうるところがあった。

二年後、大坂に帰った洪庵は瓦町で医者を開業した。この時、同時に開いたのが蘭学塾「適々斎塾（適塾）」である。

類い稀な技術と見識を備えた名医として、また教育者として洪庵の名声は日増しに高まっていった。その令名を慕って、全国から入塾希望者が殺到した。その中には先の福沢諭吉はじめ、橋本左内、大鳥圭介、大村益次郎、佐野常民など、歴史に名を残す多くの逸材が含まれていた。こうして適塾は向学心に燃える若者であふれかえった。その多忙な生活を陰で支えたのが妻の八重である。

八重は天游門の先輩にあたる医師億川百記の娘で、才色兼備の女性だった。歳は一二歳下。この八重と、洪庵は開塾の年に結婚した。

ふたりの間には六男七女が生まれた。その子育てに、夫の世話にと多忙な毎日を送りながら、八重は塾の「おっかさん」としてよく塾生のめんどうを見た。

伝染病との闘い

洪庵の医師としての業績でもっとも大きかったのは、種痘の普及活動である。当時、世界的に猛威をふるっていた天然痘は、きわめて死亡率が高く、治癒しても顔や全身に醜いあと（痘痕）が残った。そのため、人々から嫌悪され、恐れられていた。

対策としては、昔から「人痘」と呼ばれる予防法が知られていた。これは天然痘患者のウミやカサブタを、子供の皮膚に植えて免疫を獲得するもので、その効果はめざましかった。だが、人痘ウイルスは毒性が強いため、逆に新たな感染を呼ぶ危険も大きかった。

この人痘を毒性の薄い牛痘（牛の天然痘）ウイルスに代えて、安全性を高めたのが有名なエドワード・ジェンナーの牛痘法である。

牛痘法が初めて日本に伝来したのは一八〇〇年代初頭のことだった。伝えたのは、択捉島（えとろふ）の役人中川五郎治である。

ロシア船に捕らえられ、シベリアに送られた五郎治は滞露中に牛痘法を会得する機会があった。これを帰国後、函館で一一歳の商家の娘に施して成功した。しかし彼はその技を門外不出として痘苗（種痘の接種材料）を譲らなかったため、広く伝わることはなかった。

ほかに、かのシーボルトも来日時に牛痘法を伝えたが、肝心の痘苗が長旅で効力を失っていたため不成功に終わった。

種痘がわが国に本格的に根づいたのは嘉永二年（一八四九年）のことである。この年、佐賀藩内に天然痘が流行した。これを憂えた藩医楢林宗建（ならばやしそうけん）は藩主鍋島直正（なおまさ）（閑叟（かんそう））の命を受け、バタビア（現在のインドネシア・ジャカルタ）から牛痘のカサブタを取り寄せた。

なぜ、ウミではなくカサブタなのか。天然痘ウイルスは感染力が強いためカサブタでも用が足りるし、とくに遠隔地へ輸送する場合にはそのほうが長持ちするからである。

このカサブタは、同年オランダ商館医オットー・モーニケによって、宗建の息子らに接種され、見事成功した。その後、痘苗は江戸の佐賀藩医や京都の医師日野鼎哉（ていさい）に送られた。これを用いて鼎哉が種痘に成功、京に接種施設「除痘館」を開いた。

一連の動きを知った洪庵は、なんとか痘苗を入手したいと考えた。幼少期に天然痘にかかったことがある洪庵は、予防に対する思いが人一倍強く、病理知識も豊富だった。

そこで大坂にいた鼎哉の弟葛民（かつみん）に仲介を頼み、ともに京におもむいた。待望の病苗を入手した洪庵は、大坂に帰って古手町に「除痘館」を開いた。

あわせて関東、東北、関西の各地に分苗した。これが牛痘種痘法が全国に広まるきっかけとなったのである。

除痘館

種痘普及に情熱を燃やす洪庵だったが、その前途は多難だった。この頃、庶民にとって西洋医学はまだなじみが薄く、治療効果も認知されていなかった。そこへ突然、「患部のウミを植えれば、天然痘にかからない」と言われても、信じられないのは当然だった。

「決してあやしい術ではあらへん。これを植えれば、ほうそうも少しもこわいことのうなる。こう口説いたのやさかい、牛痘種痘をすると、牛になるから困ると言わはってなあ、お父はんがどうしても応じてくれんのや」

「わしのとこも同じや。うちの子が病気になったら、どないするのやとえらい剣幕で」

除痘館に協力する医師たちは、親に種痘を説得するむずかしさを口々に述べた。

「牛になる」は論外としても、「そんなことをして大事な子供が病気にかかったらどうするのか?」という親たちの疑問は、もっともだった。しかも実際に発病例もあったため、説得は困難をきわめた。

医師たちの話を黙って聞いていた洪庵が、珍しく強い口調でこう言った。

「天然痘の予防には、牛痘種痘しかないんや。あんたらもわかってはるはずやないか。かわいい子らの命を救うためには、なんとしてもこれを広めなあかんのや。病気になる言われても、やめるわけにはいかへんのや。なあ、たのむさかい、もういっぺん話しに行ってくれへんか。わしもいっしょに行くさかいに」

「洪庵はんの言わはる通りや。ここがわしらの正念場や」

「そや、苦労して蘭方をまなんだのは、なんのためや」

緒方の熱意は医師たちの心に響き、勇気を奮い立たせた。

種痘を広めるうえで、もうひとつ障害となったのが痘苗の確保だった。一般に痘苗は七日毎に更新しないと効力が失われてしまう。そのため子供に次々植え継いで、更新していかなければならない。偏見の中では、この確保が一大難事だった。

蘭学を毛嫌いする儒医や儒学者、攘夷派からの横槍や誹謗中傷もあった。だが、洪庵たちの努力はしだいに認められていった。

嘉永三年（一八五〇年）、郷里の足守藩より牛痘実施の要請があった。これに応えて洪庵は兄の五歳の子に牛痘を施し、成功を収めた。そこで実家近くに「足守除痘館」を開いた。

この時えらかったのが足守の藩主木下利恭（としもと）である。利恭公は領民に実施する前に、まず、わが子に接種させるよう命じた。それによって安全性を確かめ、家臣や領民の不安を取り除いたのである。

文字通り率先垂範、藩主の鑑と言えよう。

洪庵はこの後も多くの医師に牛痘苗を分け、接種方法を指導し、種痘普及に献身した。これにより救われた命がいかに多かったは容易にわかるだろう。

しかし種痘が広まるにつれて、問題も起こってきた。それは生半可な知識でこれを実施し、高額な治療代をせしめる医者の横行である。技術がないため誤診や失敗も多く、種痘の評判を著しくおとしめていた。これを憂えた洪庵は、除痘館を大坂唯一の種痘所として公認するよう幕府に働きかけた。努力は実り、安政五年(一八五八年)には、除痘館が全国に先駆けて幕府公認の種痘館になった。

洪庵の評判はますます上がり、大坂の医師番付で大関(最高位)を占めるまでになった。だが病との闘いに終わりはない。除痘館が公認されたこの年、洪庵はまたしても恐ろしい伝染病との闘いを余儀なくされた。

闘いは続く

「おお、ご苦労やな。どや、町の様子は」

「そりゃもう、えらいことに。さっきまで道を歩いておったのが、バタっとたおれたかと思うたら、もうそれきり。朝には仲良うまま食うてた親子が、夜にはみな仏さんという有様や。焼き場(火葬場)も間に合いませんのや。門の外にまで死体が積み上げられ、えらい臭いになってますわ。みなこわがって外にも出られえしまへん」

「なんとかせなあかんな」

適塾の一角で話しているのは、塾の主洪庵と出入り商人だった。

「緒方先生、先生はお医者はんの番付で大関を張るほどのえらい先生や。なんとかならしまへんのか」

商人が拝むように言った。

「コレラ・モルビュスは新しい流行病でな、まだ治療法がみつかっておらんのや」

「先生ほどのお人でも、なんともならしまへんのか……」

商人はがっくり肩を落とした。

「せやけど、わからんと言うて、ほっとくわけにはいかん。みなの命がかかっとるさかいな。そやから今、内外の医家の意見をまとめて、治療の手引き書をつくっておるところや……」

コレラ・モルビュス、すなわちコレラは今も強力な伝染病と認識されているが、かつては文字通り恐るべき疫病だった。きわめて感染力が強く、感染すると激しい下痢と嘔吐を繰り返して、見る見る衰弱。放置すれば数日で命を失う。そのため「三日コロリ」と呼ばれて恐れられた。

病自体は以前から知られていたが、一九世紀までは東南アジアを中心とする局地的な病にとどまっていた。それが欧米による植民地化の進展、戦争、交通の発達などによって感染範囲が拡大し、世界的な大流行を見せるようになったのである。

文政五年（一八二二年）、疫病はついに日本に上陸した。この夏、長州（山口県）に発生したコレラは中国道から近畿にのぼり、たちまち西日本を席巻した。大坂もその災禍（さいか）に飲み込まれた。当時、一三歳だった洪庵も病に侵され、生死の境をさまよった。この経験がのちに医学に志すきっかけとなったと言われている。

当時、コレラ治療法は西洋でも確立されていなかった。そのため有効な対策を打ち出せずに、多くの死者が出たが、さいわい流行は江戸には及ばず、その年末には自然に収まった。

幕末の日本を再びコレラ禍が襲ったのは、それから三十数年後の安政五年（一八五八年）のことだった。このたびは長崎に上陸し、大坂より先に江戸で流行した。次いで大坂を襲い、その後全国に蔓延して、多くの死者を出した。

残念なことにコレラの治療法は、前回の流行時からさして進歩していなかった。洪庵も決定的な知識は持ち合わせていなかったが、医業に携わる者として、苦しむ患者を見捨てておくわけにはいかなかった。

そこで応急対策として手元の文献から、コレラに関する箇所を抜き出してまとめることにした。これをほとんど不眠不休で成し遂げ、『虎狼痢治準（ころりちじゅん）』と題して出版したのである。

時間のない作業だったため記述には誤りもあったが、初期治療の大切さを説くなど、手探りでコレラと闘ってきた医師たちに貴重な指針を提供した。また、コレラを医学が闘うべき伝染病としたことで、医学の近代化に果たした役割も大きかった。

この時、洪庵自身はあいにく体調を崩して第一線で働けなかった。しかし適塾の医師や、適塾で学んだ多くの医師が全国で活躍した。

いったん収まったコレラは、翌年夏にも再び西日本で大流行した。今度は洪庵も医師たちの先頭に立ち、約二カ月の間、昼夜を問わず治療に奔走した。

その治療法はキニーネ、アヘン、水薬などの投与に、温湿布などを組み合わせるもので、当時としては最善を尽くしたものだった。

これにより多くの命が救われたが、病は治療にあたる医師たちにも容赦なく襲いかかり、洪庵も同僚や塾生らを失った。天然痘やコレラとの闘いは、彼にとってまさに命がけの戦だったのである。

江戸へ

洪庵の人生に大きな転機が訪れたのは、コレラ大流行から四年後のことだった。文久二年（一八六二年）のこの年、幕府から洪庵に奥医師への出仕要請があった。洪庵は健康不安を理由にこれを断ったが、その後も再三の要請があり、ついに断り切れなくなった。

時に洪庵五三歳。大坂の町に天下の適塾を築き上げ、多くの弟子に囲まれて充実した日々を送っていた。その環境を離れては、理想の医療追求に支障を来すおそれもある。弟子や家族を残して、住み慣れた大坂を離れるのも辛かった。

「道のため、子孫のため、討ち死の覚悟で」

洪庵は息子宛ての手紙で、苦しい胸のうちをそう吐露している。

江戸に出た洪庵は幕府奥医師となった。一介の町医者から、医学界の最高位にまでのぼりつめたわけである。この時、あわせて西洋医学所の頭取も兼務することになった。

当時の奥医師は総勢一九名。洪庵の就任前に、その三分の一以上をすでに蘭方医が占めるようになっていた。ここにも急激な時代の変化が見てとれるだろう。

洪庵は塾生の手塚良仙（りょうせん）（漫画家手塚治虫の曾祖父）らを大坂から招き、適塾と同じ内容の講義を行わせた。この医学所は明治政府に受け継がれ、東京大学医学部の前身となった。

大坂に残してきた家族も呼び寄せ、ようやく仕事に専念できると思った矢先、突然の悲劇が襲った。

江戸に来てからかえって健康になった洪庵は、適塾時代と変わらない精力的な仕事ぶりを見せていた。その日も朝から元気に働いていたが、役宅で手紙を読んでいる最中に突然喀血（かっけつ）した。病気は結核とも胃病とも言われているが、弟子たちによる懸命の治療の甲斐もなく、そのまま五四年の生涯を閉じた。

適塾から慶應義塾へ

洪庵の業績は上記以外にも多い。医学では、日本最初の病理学書『病学通論』を著したことが特筆されるだろう。

この著書はもともと江戸の師である宇田川玄真が、ドイツ人医師の病理学書をもとに書き進めていたものだった。しかし完成を前に玄真が亡くなったため、洪庵に託されたのである。洪庵は師の遺志に報いるべく何度も改稿を重ね、一〇年以上の歳月をかけてこれを完成させた。

この書で、洪庵は生気論に基づく生理学を説き、病を健康との対比によって定義した。すなわち正常な状態を「健康」、その反対の状態を「疾病」としたうえで、疾病の原因を「内因」と「外因」とに分け、体質や刺衝物、抵抗力などについて論じたのである。

こうして洪庵は病気の原因を特定して治療法を導くという、近代医学の方法論を初めて本格的に展開した。これは画期的なことだった。

ほかに医学的著作としては、ドイツ人医師フーフェランドがその経験を凝縮した内科書『扶氏経験遺訓』がある。これは洪庵が原書を熟読玩味し惚れ込んで訳したもので、多くの医師に刺激を与えた。

洪庵はこうした多くの医学的業績を挙げたが、それに匹敵するのが、教育者としての業績である。

適塾の生徒は皆若く血気盛んで、福沢をはじめひとくせもふたくせもある者が多かった。そんな猛者たちが皆、洪庵に心酔し、同塾の出身者であることを誇りにした。これは学識によるのみならず、彼の人柄によるところが大きかっただろう。

洪庵は性格温厚で円満、めったに声を荒げることがなかった。親友の川本幸民も、およそ洪庵が怒ったところを見たことがないと述べている。多くの弟子たちにとっても同様で、優しく寛大で、面倒見がよい先生だった。福沢が腸チフスを患った折りにも、みずから手厚く看護したという。諭吉はこの恩を終生忘れなかった。

このように普段は優しい師であったが、こと医療や学問のことになると、一転厳しく変貌することもあった。

洪庵の次男と三男は、父の教育方針で最初は漢学塾に預けられた。ところが兄弟は早く洋学を学びたいとあせるあまり、勝手に洋学塾に移ってしまった。これに怒った洪庵は即座にふたりを破門にした。

家族がたのんでも頑として許さない。みかねた八重の父億川百記が孫かわいさに七〇歳を超える老身に鞭打って、雪の中を福井の洋学塾まで会いに出かけた。さすがにこれには洪庵も許しを与えないわけにはいかなかった。

　また、不行跡により破門した弟子が、彼の与えた羽織を着て医業を続けていると知って激怒、福沢に命じて羽織を奪い返そうとしたこともあったという。

洋学者教育

　洪庵の教えを受けた塾生たちは、多くが郷里へ帰って医師になったが、中には異分野に進出したものも多い。兵学の大村益次郎や大鳥圭介、日本赤十字社を創設した佐野常民、「統計学の父」杉亭二などである。

　適塾から優れた洋学者が輩出した理由のひとつは、洪庵の洋学教育にあった。

　黒船の来航は、西洋の事情や技術に通じているはずの蘭学者にも衝撃を与えた。洪庵も例外ではなかったが、彼が偉かったのは、この国難に当たって自分にできることはないかと冷静に考えたことである。彼の結論は、自分の持てる限りの洋学知識を塾生に授けることだった。それによって西洋に負けない人材を育て上げようとしたのである。

　とりわけ洪庵が重視したのが、自然科学の知識だった。オランダ語の原書会読のテキストに科学書を選び、塾生たちには実験を奨励した。若き日に学んだ究理学がここで役立ったのである。

塾生の中で、洪庵の洋学思想を一番受け継いだのは、やはり福沢諭吉だっただろう。福沢は塾頭に抜擢されるほどの秀才だったが、血が苦手だったため、医師にはならなかった。その後は洋学者に転身、さらに慶應義塾を開いて日本を代表する教育者・思想家になった。

福沢は初期の慶應義塾に適塾とよく似た教育システムを採用した。たとえば○×による評価、実力を反映した進級制度、上位者による下位者の教育。適塾の精神は慶應義塾の授業に確実に受け継がれたのである。

ちなみに洪庵は、高野長英とともに「健康」という言葉を最初に使用した人物と目されている。しかし、この言葉が本格的に広まったのは明治以降だった。その普及に一役買ったのがほかでもない福沢である。

福沢はベストセラーとなった『西洋事情 初編』で、英語の"health"の訳語に「健康」をあてた。それが本の読者獲得とともに広まっていったのである。ここにも師弟の深いきずなを見る思いがする。

医師緒方洪庵の悲願は「人のために」医術を用いることだった。まさに「医は仁術」であり、その思いに捧げて悔いのない生涯だった。

洪庵の著作のひとつに『扶氏医戒之略(ふしいかいのりゃく)』と題する小著がある。前記『扶氏経験遺訓』の原著巻末につけられた医師の心得を洪庵が抄訳し、一二章にまとめたものである。

彼の精神を見事に凝縮したその第一章を掲げて、この節の締めとしよう。

「医の世に生活するは人の為のみ、をのれがためにあらずといふことを其業の本旨とす。
安逸を思はず、名利を顧（かえり）みず、唯（ただ）おのれをすてて人を救はんことを希（ねが）ふべし……」

田中久重――近代技術を開いた江戸の「からくり魂」

「万般の機械考案の依頼に応ず」――。

銀座に設置された小さな機械工場に、そんな看板が掲げられたのは、維新からそう遠くない明治八年（一八七五年）の頃だった。

この頃、銀座に新首都の中心となる煉瓦(れんが)街が完成した。赤煉瓦づくりの洋風の建物が並ぶ整然とした街並みは、西洋の街と見まごうようだった。そのモダンな街に、「珍器製造所」を名乗る機械工場が開店したのが二年前。商売は順調だったようで、その後、冒頭の言葉が大書された看板が掲げられたのである。

田中久重

あらゆる機械の注文に応じるなどと書けば、なにを大風呂敷をと皮肉のひとつも言いたくなるが、折りしも店先に出てきた小柄な老人の正体を知ったなら、そのとがった口も引っ込むはずである。

頭こそ白髪だが、豊かなひげをたくわえ、眼光あくまでも鋭く、足取りは毅然としている。老いてなおかくしゃく。この老人こそ、日本一の「からくり（機巧）師」田中久重その人だからである。

若き久重につけられた「からくり儀右衛門(ぎえもん)」の異名は伊達ではない。そのからくり興業は江戸、大坂で大評判をとり、技術の粋を尽くした無尽灯や万年時計は日の本に並ぶものなしと絶賛された。

しかし田中久重は、単なるからくり師にとどまらなかった。佐賀藩の近代化事業を引き受けて蒸気船や電信機の製作まで手がけ、西洋近代技術の開拓者にもなったからである。

「万般の機械考案の依頼に応ず」――看板にいつわりなしである。

今や、功なり名を遂げた久重だが、技術者としての意欲は一向に衰えを見せなかった。このたびは新政府の招きに応じて、日本の近代化に一肌脱ぐ覚悟で、故郷の久留米から一族郎党を引き連れて上京してきたのである。

政府が久重を招いたのは、電信機の国産化のためだった。当時、西洋諸国では鉄道網の発達と呼応しながら、有線電信網が急速に整備されつつあった。大陸間をつなぐ海底電線の布設さえ進んでいた。

日本でも明治二年（一八六九年）には、東京―横浜間に最初の電信線が架設されて電報サービスが始まり、明治六年（一八七三年）には東京―長崎間の電信も開通していた。

しかしそれらはいずれも外国人技師の指導のもと、外国の技術で建設されたものだった。日本が近代化を成し遂げるためには、ぜひとも自前の技術で電信網を整備する必要がある。その適任者は久重をおいていないというのが、新政府の判断だった。

久重は佐賀藩の精錬方を務めていた間に、電信機に関する実験を行い、機構にも精通していた。その素地もあって、初の電信機国産化の試みは大成功を収めた。

この功労に対し政府は、「精巧精妙殆ど洋製に異なる事なし」との高い評価を下した。まさに「からくり儀右衛門」の面目躍如だった。

からくり儀右衛門誕生

田中久重は寛政一一年（一七九九年）、筑後の久留米藩城下に田中弥右衛門の長男として生まれた。幼名は儀右衛門。実家はべっこう細工店を営んでおり、父の仕事ぶりを見ながら、手先仕事の技が自然と身についていった。

べっこう細工には金具がつきものである。そのために金属加工技術も習得したことが、のちのからくり仕事に大いに役立った。

久重がからくりの才を最初に発揮したのは、九歳の時である。寺子屋に通っていた久重は、硯箱(すずりばこ)に悪戯(いたずら)されるのに困っていた。しかし喧嘩や仕返しは久重には似合わない。代わりに彼は箱にちょっとした細工をほどこした。その細工とは絶対に開かない鍵である。

「どがんね、あけられるものなら、あけてみない」

「ああ、やっちゃる」

悪友たちはふたをこじ開けようとしたが、押しても引いてもどうやっても駄目。

「負けたとい、儀右衛門。どないするとや」

「こうするとや」

悔しがる仲間の目の前で、すらりと開けてみせ、得意満面の久重だった。

一三歳の時には、隠し戸のついた精巧な小簞笥(こだんす)をつくって、大人たちをも驚かせた。

久重がさらに細工に熱中するきっかけとなったのは、からくり人形との出会いだった。神社の祭礼にかけられた見世物小屋で、巧妙なからくり人形を見てそのとりこになり、自分でも人形づくりを始めたのである。

とは言え、いかにからくりの天才でも、まだ年若い久重が独力で複雑な人形をつくれるわけはない。これには一冊の参考書があった。土佐の郷士細川頼直(よりなお)が、寛政八年（一七九六年）に著した『機巧図彙(からくりずい)』である。

この書物には和時計のぜんまい仕掛けなどさまざまなからくり仕掛けが詳細に図解されてお

り、からくり人形の図解もあった。久重はこれを参考に人形を完成させたのである。大人でもつくるのは容易ではなかった。参考書があったとは言え、その機構は複雑で、部品の加工もむずかしい。大人でもつくるのは容易ではなかった。それを独力でつくりあげた才能はやはり並ではない。

久重の評判を聞きつけて、近所に住むひとりの女性がからくり仕事を依頼してきた。

「きさんに会いたかあっちゅう人のいる。伝さん、いう人ばい」

父親に言われるまま会ってみると、中年のきれいな女性だった。

「お初におめにかかるたい、儀右衛門どん。井上伝たい。あんたうちんために織物の機械ばつくってくれんとね」

井上伝は久留米絣の考案者として名高い女性である。

久留米藩城下に米屋の娘として生まれた伝は、一二、三歳の頃には大人も及ばないほどの木綿織りの達人になっていた。ある日、着古した藍染めに白い斑紋があるのを見つけてひらめき、久留米絣の技法を編み出した。伝の「加寿利」はたちまち評判となったが、それに満足せず、絣に絵模様を織り込めないかと苦心していた。そこへ久重の評判を聞いて織機の製作を依頼することにしたのである。

久重はこの難題に挑戦し、絣の板締め技法を考案した。これによりその評判は一挙にあがった。彼がまだ一五歳の時である。

茶酌娘（NPO法人久留米からくり振興会蔵）

「大したもんや、儀右衛門どん。きっち大物になるちゃろう」

伝は久重の才に太鼓判を捺した。からくりのおもしろさにますます魅せられた久重は、さまざまなからくり人形に挑んでいった。この頃の彼の代表作とされているのが、茶運び人形の「茶酌娘（ちゃくみむすめ）」である。小さな娘人形がお茶を乗せた盆を両手に持ち、舞台袖からちょこちょこと歩いてくる。舞台正面までやってくると、そこで立ち止まり、客にお茶を勧めるしぐさをする。客がお茶を取って飲み、空の茶碗をお盆に返すと、人形はくるりと振り返り、ふたたび歩いて舞台袖へと戻っていく。ここで客席は拍手喝采の渦となる。

茶酌娘の動力はぜんまいにあった。動作を制御するのはカムと糸である。この人形は、図面のみで現物が存在せず、長く幻の人形とされてきたが、近年、からくり研究者の手で発見され、見事に修理・復元された。

「雲切り人形」と名づけられた宙を舞う天女の人形も評判が高かった。こちらの動力は水圧だった。水を利用するこのタイプのからくりは「水からくり」と呼ばれているが、久重はこれを得意にしていた。

ほかにも数多くの人形をつくり、祭りの見世物小屋のからくり興行に出して大評判をとった。その見事な技に、いつしかついた綽名(あだな)が「からくり儀右衛門」。

からくり人形の興行は江戸時代を通して盛んだった。その隆盛の背景には、一六世紀半ばにはいってきた西洋の機械時計の影響があった。歯車、ぜんまいなどの時計技術は、からくり人形の機構とつながりが深いからである。

新しい技術を採り入れて、最初にからくりの花を咲かせたのは、初代武田近江だった。一七世紀半ば、近江は大坂で機械仕掛けの人形を使った芝居興行を立ち上げた。彼が披露した人形は、吹き矢を吹く人形や、両手と口で筆を使って文字を書く人形など数十種類にも及び、大人気を博した。

こうした人形はその後、文楽人形、山車(だし)のからくりなどに引き継がれた。そして『機巧図彙』の図解を通して、常陸の飯塚伊賀七(いがしち)、加賀の大野弁吉(べんきち)など多くの名工を生んだ。その技が久重にも伝承されたわけである。

無尽灯

からくり人形に魅せられた久重は、寝食も忘れてからくりづくりに没頭、長男でありながらしだいに家業から遠ざかるようになった。そのため父が亡くなったあとは、弟が家を継ぐことになった。

久重がからくり師として身を立てる決意を固めたのは彼が二五歳の時だった。

すでに妻帯し、子もあったが、妻子を残したまま修行の旅に出た。ひたすらからくりの技を磨きたいというやみがたい思いからの出立だった。

長崎、大坂、京都、江戸と巡り、旅先でからくり興行も披露しながら、さまざまな技術を吸収していった。

この頃、久重が披露していたからくり人形に、「弓曳（弓射り）童子」がある。この人形は自ら矢籠の矢を取り出し、弓をつがえると、近くの的をねらって矢を放った。

ねらい通りに射るという以外、この人形には洒落た仕掛けがほどこされていた。数本矢を放つうち、一本は必ず的を外すように細工されていたのである。

外れると首の動きで、残念そうな表情をあらわす。的をねらう視線の動き、当たった時のうれしそうな表情まで、その繊細さ、粋な仕掛けはからくり儀右衛門ならでは。まさに江戸からくりの最高傑作と呼ぶにふさわしい出来だった。

これより時代は下るが、やはり久重のからくり人形の最高傑作と呼ばれるのが「文字書き人形」である。これは筆を使って「寿」などの一字を、墨痕鮮やかに描くことができた。これも

「茶酌娘」と同じく、近年発見され（なんとアメリカで）、修理・復元されて博物館等で公開された。

こうして充実したからくり修行を終えた久重は、最後に大坂に落ち着いた。家族を呼び寄せて時計師の店を開いた時には、すでに一〇年の歳月が流れていた。

大坂を拠点に、久重はいよいよそのからくりの才をぞんぶんに発揮することになる。この時期につくられたものでもっとも有名なのが無尽灯である。

国友一貫斎の節でも言及したが、当時の一般的な照明器具は蠟燭を使う燭台か、浅い皿に菜種油を入れ、そこに浸した灯芯に点火する灯火や行灯（あんどん）などだった。しかしこれらの照明器具には多くの欠点があった。

そのひとつは明るさが決定的に不足し

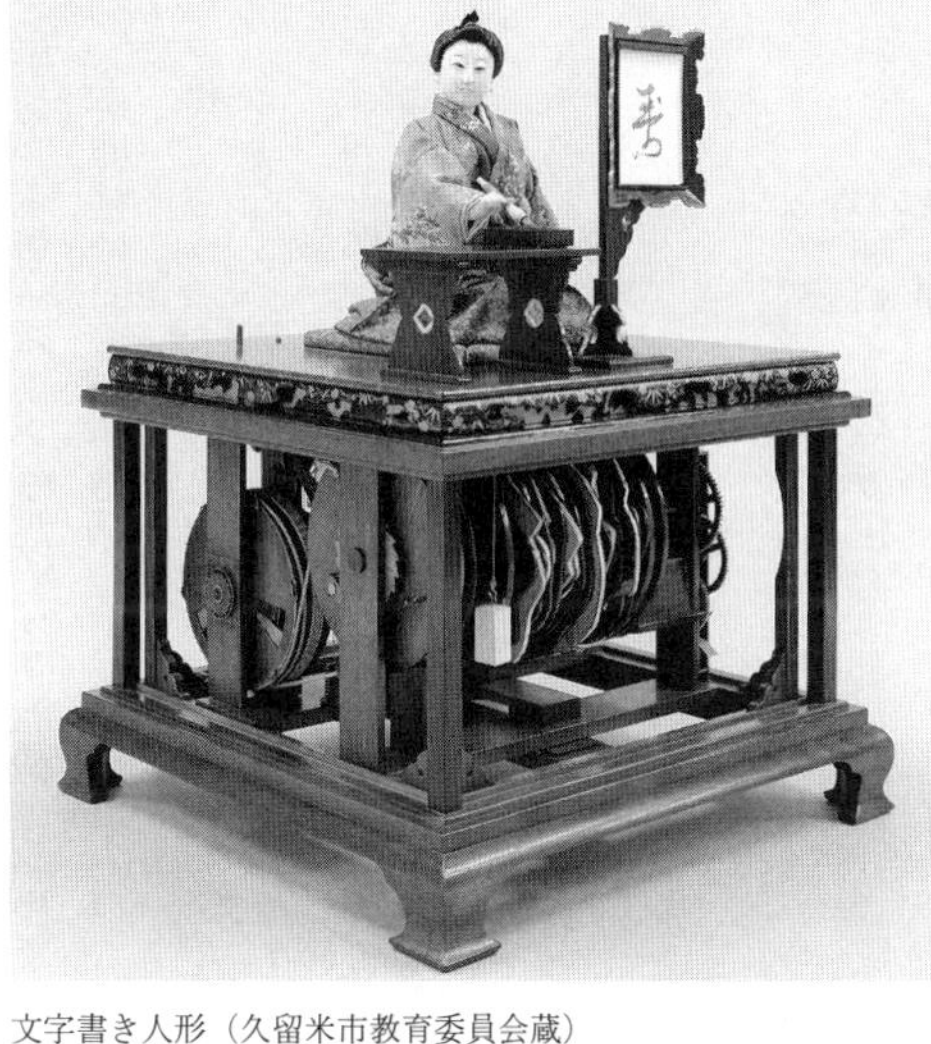

文字書き人形（久留米市教育委員会蔵）

ていたことである。そのため夜間に細かい仕事をすることなど、まず不可能。加えてメンテナンスが非常に面倒だった。

行灯の場合には油をひんぱんにつぎ足さなければならなかったし、明るさを一定に保つため、灯芯を少しずつ切り取る手間もかかった。また、安全面にも大きな問題があった。誤って倒したりすれば、たちまち火事を引き起こす恐れがあった。

久重は以前からこの問題について考えてきたが、からくり修行をへて、ついにすばらしい解決策を見いだした。それは空気圧の利用である。

久重が若い頃に手がけた技術のひとつに風砲があった。ポンプで空気を圧縮し、空気圧を利用して弾丸を発射するその原理を利用して、油が灯芯へ自動的に補給される機構を考え出したのである。

また、安全のために炎の部分をガラスでおおうという、行き届いた工夫もほどこされていた。彼はこの照明器具を売り出し、富裕な人々の間でかなりの数が使用されたと考えられている。

また、照明器具では持ち運びに便利な懐中燭台もつくっている。

その後、久重は京都に移って、「機巧堂（からくりどう）」という店を開いた。このからくりショップでは、新型の消防ポンプをつくっている。

「雲竜水」と名づけられたこのポンプは、風砲と同様、空気圧を利用して、水を一〇メートルもの高さに噴き上げることができたという。「竜吐水」とよばれたそれまでのポンプが水鉄砲に毛が生えた程度だったのに比べて、格段の性能向上が図られたことになる。

雲竜水は江戸から明治初期にかけて全国で使われたが、やがて高性能の蒸気ポンプ式にとって代わられた。

江戸からくりの精華「万年自鳴鐘」

大坂に移ってから十余年、修行で身につけた技術に、その後の経験を加え、久重の腕は今や円熟の境に達しつつあった。京の嵯峨御所から「大掾（だいじょう）」の称号を与えられたのもこの頃である。大掾の位は昔から芸能やからくりの最高位とされてきた。かつて初代竹田近江も同じ位を授けられている。その田中近江大掾となった久重が持てる技のすべてを注いで挑んだのが、和時計の製作だった。

和時計とは、西洋から伝わった時計を日本の時刻法に合わせて改良したものである。元々は大名の持ち物だったが、この頃には富裕な町民たちの間でも使われるようになっていた。

時計はからくり技術の粋とも言える精密機械である。天下第一のからくり師なら関心をもつのは当然で、久重も和時計の機構にある程度通じていたにちがいない。とは言え彼の性格として、従来通りのものでは満足できるはずがなかった。

万年自鳴鐘（東芝蔵、国立科学博物館展示）

　そこで久重は蘭学や天文の基礎を学ぶことからスタートした。西洋の科学や技術を身につけた上で、あらためて挑戦しようと考えたのである。

　彼は京の戸田通元から天文学を学ぶとともに、土御門家の門もたたいた。土御門家は平安の昔から朝廷で暦学を司ってきた家柄である。

　また、京で蘭学塾「時習堂」を開く広瀬元恭に入門し、西洋の物理・化学の原理も学んだ。

　元恭は江戸の坪井信道のもとで緒方洪庵らとともに蘭学を修めた医師で、医学書や物理学書を出版するなど、その学識は洪庵にも劣らないものだった。しかも妻のイネは久重の末妹だったから、ふたりは義兄弟の間柄になる。

　こうした努力をへて久重はついに万年時計（万年自鳴鐘）の製作にとりかかった。そして二年の歳月をかけて、世界にも類のない時計の製作に成功したのである。

　この時計はぜんまいを動力とし、一度巻けば二二五日動いた。

　時計は六角柱の各面に配され、それぞれ異なる機能を有していた。すなわち、季節によって昼夜の長さが異なる不定時法に対応した和時計、二十四節気、七曜、十干十二支、月の満ち欠

の佐賀藩士、佐野常民の強い働きかけがあった。

佐賀藩は当時、藩主鍋島直正のもと、薩摩藩と並んで西洋技術の導入にことのほか熱心だった。その牽引車として活躍していたのが常民だった。伊東玄朴、緒方洪庵、広瀬元恭らに蘭学を学んだ常民は、さらなる近代化のためには知識、経験を具備した人材の登用が不可欠だと考え、同門の久重に白羽の矢を立てたのである。

久重はからくり仕事になお未練があったが、最後はこれを受けた。日頃の旺盛な好奇心と鋭敏な時代感覚が、彼を新天地に飛び込ませたのだろう。

安政元年（一八五四年）、久重は肥後に下り、「精錬方」に配属された。

精錬方は嘉永五年（一八五二年）、直正公が大砲鋳造のために設けた技術集団である。佐野常民を主任に据え、初期の大砲や火薬から、しだいに研究範囲を蒸気機関、蒸気機関車、蒸気船、大砲、アームストロング砲、電信機などに広げていった。人材も他藩から積極的に登用した。

若い頃から独立独歩でやってきた久重にとって、これが初めての出仕だったが、全国でからくり興行を行うなど、もともと人との交わりは苦手ではなかった。しかも元恭門下からは他に、舎密（化学）にたけた中村奇輔（きすけ）、蘭語が得意な石黒寛二のふたりも招かれていた。気心の知れた仲間とともに、久重は西洋の技術を次々に試していった。

彼が携わった技術は精錬方の事業全般に及んだが、とりわけ力を尽くしたのが蒸気船の研究

と建造だった。

蒸気船をつくる

よく知られているように、蒸気機関はイギリスのトマス・ニューコメンが発明し、ジェイムズ・ワットが実用的なものに改良した。強力で安定したその機関は、水車に代わる動力として工場に導入され、産業革命の原動力となった。

一八〇四年にはイギリスで蒸気機関車が発明され、一八四〇年代になるとジョージ・スティーヴンソンが鉄道網をイギリス全土に広げた。

一方、蒸気船は一八〇七年に、アメリカのロバート・フルトンが最初の実用的な蒸気船の公開実験を行った。一八一九年には機帆船サヴァンナ号が大西洋横断に成功、一八四〇年代には天才技師イザンバード・キングダム・ブルーネルが、大西洋横断蒸気船を完成させ、大洋航路が開かれた。

蒸気船が実用化されると、それを軍船に応用した蒸気軍艦も登場した。採用は英仏が早く、アメリカは遅れたが、海軍工廠（こうしょう）司令官マシュー・ペリー、すなわち黒船のペリー提督の尽力によって積極的に導入が進められた。この功績により、ペリーは「蒸気軍艦の父」と呼ばれるようになった。

そのペリー来航以来、日本では蒸気船に対する関心が急激に高まった。薩摩藩の島津斉彬（なりあきら）、四国宇和島藩の伊達宗城（むねなり）、佐賀藩の鍋島直正らの開明派藩主たちが建造に乗り出し、川本幸民、村田蔵六（大村益次郎）、久重といった才能を積極的に採用した。

久重がリードした佐賀藩の蒸気船建造は、蒸気機関の研究から始まった。三年前の嘉永五年（一八五二年）には薩摩藩が一足早く蒸気機関の試作に取り組んでいるが、佐賀藩では地道な蒸気模型づくりから取り組んだ。

久重が蒸気機関を扱うのは、これが最初ではなかった。からくり興行時代に、蒸気力のからくり応用に取り組み、興行も立ち上げていたからである。この蒸気からくりの詳細は明らかではないが、残された資料からは、蒸気力で大きなこまを回すものだったようである。同じ頃、蒸気圧で砲弾を発射する蒸気砲も考案するなど、その蒸気熱は並々ならぬものがあった。

久重がなにを参考としたのかは明らかではないが、広瀬元恭のもとで西洋の物理・化学を学んだ折りに蒸気機関の情報もえたのではないかと考えられている。

当時、蒸気船の推進方式には外輪式とスクリュー式の二方式があった。外輪式は船体の両側に水車のような推進器をつけたものである。初期はこの方式が主流だったが、その後、しだいにスクリュー式にとって代わられるようになった。ただ、移行はまだ始まったばかりだったので、久重の模型も外輪式、スクリュー式の二種類がつくられた。

模型づくりと並行して取り組んだのが、藩がオランダから購入した蒸気船「電流丸(でんりゅうまる)」の徹底調査だった。こうした準備をへて、いよいよ実船の建造にとりかかった。

建造着手は文久三年（一八六三年）、その後、二年がかりで完成にこぎつけた。「凌風丸(りょうふうまる)」と名づけられたこの蒸気船は木造外輪式で、機関の出力は一〇馬力。全長は一八メートルと小型ながら、日本の技術者が独力でつくりあげたことの意義は大きかった。

初の国産蒸気船ということでは薩摩藩の「雲行丸(うんこうまる)」が一〇年先行しているが、実用船という点ではこちらが最初だった。

藩主鍋島公はこれを嚆矢として蒸気軍艦を量産、外国勢力に対抗するという一大構想を抱いていた。だが、莫大な費用を要する事業を一藩で成し遂げることなど到底不可能。結局は構想のみに終わった。

久重が取り組んだ近代技術には、ほかに電信機の製作もあった。

電信機については佐久間象山、薩摩藩における松木弘安(こうあん)、川本幸民などの先進的取り組みがあった。久重の電信機の詳細は伝わっていないが、薩摩藩と同工のものだったと考えられている。この製作経験は、久重の明治以降の事業に大いに役立つことになる。

こうして久重の佐賀藩出仕は大きな成果を挙げたが、まもなく郷里に戻らなければならなくなった。近代化事業に力を入れ始めていた久留米藩から協力依頼を受けたからである。精錬方の事業に未練はあったが、再三の要請を断り切れず、郷土愛もあってこれに応じた。しばらくは佐賀と久留米を往復する日々が続き、佐賀藩の事業が一段落したところで久留米に帰った。

久留米では、藩営の工場で火薬や銃の製造を指導し、藩の蒸気軍艦購入に一役かったりした。そのかたわら、自転車、写真機、蒸気自動車など、当時のハイテク技術にも手を染めている。

現代に受け継がれるからくり魂

黒船来航以来、時代はめまぐるしく動いていた。久重が久留米に戻ってから間もなく、江戸二五〇年の歴史は終わりを告げ、時代は明治へと大きく転回した。

この時久重すでに七〇歳。ふつうなら世の移ろいを感じながら、平穏な余生を送っている歳である。だが、からくり儀右衛門から、からくりを奪うことはだれにもできない。維新後も彼は衰えない意欲で機械の製造や開発を続けていた。

その大技術者を、近代化を至上命題とする明治政府が放っておくはずがなかった。

明治六年（一八七三年）、久重は佐野常民らの働きかけによって、家族や弟子とともに上京した。政府の電信国産化の方針を受け、自前の技術で電信機を製造するためだった。久重はこれを見事に成し遂げ、この功績により、彼の工場は政府の指定工場となった。

八〇歳を過ぎる頃には、さすがに年齢による衰えは隠せなくなったが、その分は養子の田中大吉、弟子の田中精助、川口市太郎などが補佐し、あるいは中心となって埋め合わせた。そのほかにも彼の工場からは、のちに日本の電気・機械メーカーの創業者になる多くの弟子が育っていた。

なおも電話や電灯が切り開く技術の夢を描きながら、明治一四年（一八八一年）、久重は八三歳でその生涯を閉じた。硯箱の鍵を工夫して以来、七〇有余年。からくり一筋。脇目もふらずに、夢を追い続けた生涯だった。

彼の遺志は大吉が二代目田中久重として引き継いだ。翌年には「田中製造所」が設立され、これがその後合併をへて、現代の大電機メーカー東芝に発展するのである。

生前、久重はからくりは人の役に立たなければならないとよく言っていた。また、つねによりよい技術を目指してとどまることがなかった。

からくり魂とも言うべきそのものづくりの精神は、明治以来、多くの日本のメーカーによって受け継がれてきたものだし、今後も一番に守り通さなければならないものだろう。

川本幸民——信念の科学者、日本近代化学の父

嘉永元年(一八四八年)、江戸の蘭学者川本幸民がある裕福な商家に往診に出かけた時のことである。その家の主人と蘭学談義になり、話題は当時、発燭子と呼ばれていたマッチに及んだ。

「なんでも、阿蘭陀には発燭子という便利なものがあるそうでございますな。これはいくら先生でも、つくるのはむずかしいでしょうな」

日頃強気な幸民をからかって主人がそう言うと、幸民はあっさりと答えた。

「なに、つくり方さえわかれば、こちらでもつくれます」

するると、主人はむきになって、こうたたみかけた。

「そう簡単にいきますかな。では、先生がマッチをつくれたら、五〇両をお出ししましょう」

「ご主人、その言葉に二言はありませんな」

「もちろんでございますとも」

負けず嫌いな幸民は商人の言葉を挑戦と受けとって、早速、マッチづくりにとりかかった。

幸民はもともと西洋の物理や化学に興味をもち、相当の化学知識をたくわえていたから原理

はのみこんでいた。

現在のマッチは、材料に発火点の高い赤燐を使っている。しかし当時は発火点の低い黄燐を使っていたため、製作はつねに爆発の危険と隣り合わせだった。幸民もその危険はよく承知していたが、ひるまずに実験を重ね、ついに試作に成功した。

完成したマッチを携えて、幸民は意気揚々と商家を訪れた。そして主人の目の前で見事に火をつけて見せたのである。

「さて、ご主人。お約束の五〇両をいただきましょうかな」

驚く主人に幸民は約束の金子(きんす)を要求した。

「いや、あれは……あれはその、ほんの戯(ざ)れ言(ごと)。真に受けてもらってはこまる」

主人はなんとか言い逃れしようとしたが、謹厳な幸民は許さない。

「拙者、仮にも代々三田(さんだ)藩の藩医を務める身。冗談や戯れ言ではすまされませんぞ。さ、お払いください」

「いや、払えません」

「そんなあほな。払えと言うたら払え」

からかわれたと知って、生真面目な幸民はかっとなった。主人との間で押し問答になったあげく、そんな話は聞いてられないとばかりに、席を蹴って帰ってしまった。

その後、この話はあちこちに広まった。約束を違えたと言われては商売の命取りにもなる。とうとう引っ込みがつかなくなった主人は、泣く泣く五〇両を支払ったという。

火難の相でもあったのか、幸民は生涯で三度も大火に遭い、その都度家を焼け出されている。その被災者が発火道具をつくったとは皮肉だが、このエピソードには彼の峻厳(しゅんげん)な性格と、なにより実証を重んじる学問態度がよくあらわれている。

藩始まって以来の秀才

わが国の「近代化学の開拓者」川本幸民は、文化七年（一八一〇年）、摂津国三田藩の足軽町に七人兄姉の三男（末子）として生まれた。幼名は敬蔵。三田藩は現在の兵庫県三田市あたりを領有する大名で、川本家は代々その藩医を務めていた。

敬蔵は幼い頃から好奇心旺盛で、知的天分に恵まれていたが、数え年一〇歳の時に父と死別。その後は長兄周篤の庇護のもとに育てられた。

父の死と前後して藩校「造士館」に入り、漢学や武術を学ぶと、持ち前の向学心と負けず嫌いから一心不乱に勉強に励んだ。成績は終始抜群で、三田藩始まって以来の秀才と称せられるまでになった。

しかし末子の幸民には、学業に専念する余裕はなかった。少しでも早く独り立ちするために彼が選んだ職業は、家業の医師だった。

一八歳で漢方医村上良八に入門した幸民は、ここで二年間漢方医学を学んだ。その間に蘭方医学に関心を持ち、蘭方医になる希望を抱くようになった。だが当時、蘭方の評価はまだ低く、兄の猛反対にあって挫折した。望みを断たれ、失意の日々を送る幸民だったが、その後に思いがけない転機が待ち受けていた。

文政一二年（一八二九年）、長兄の周篤が、参勤交代の藩主に随って江戸詰めとなった。これに幸民も同行を許されたのである。一度は反対したが、弟の能力も蘭学にかける思いもよく知る兄のはからいと、藩主九鬼隆国（くきたかくに）の格別の温情によるものだった。

九鬼藩一〇代藩主隆国は幕末の名君として諸国に聞こえていた。藩校「国光館」を造士館として発展させ、藩士の教育と有為な人材の発掘に力を入れた。産業の育成にも心を砕き、京都から陶工を招いて伝統の三田青磁を復活させ、三田藩中興の祖と称せられた。

造士館きっての秀才幸民の評判は、当然、藩公の耳にもとどいていた。英邁（えいまい）な隆国は、いずれ三田藩にも洋学が必要になる時が必ず来ると見抜き、その先導役を幸民に託そうとしたのである。

費用は全額藩が負担。つまり公費留学である。これは当時としては異例のことであり、三田藩としても始まって以来のことだった。この厚遇に感激した幸民は、学問を成し遂げるまでは死んでも故郷に帰らないと誓いを立てた。

生涯の師との出会い

江戸へ出た幸民は高名な蘭方医足立長雋の門をたたいた。これで思う存分蘭学を学べると思った矢先、川本家を悲劇が襲った。一家の大黒柱であった兄が急病にたおれ、そのまま亡くなってしまったのである。

早くに父を亡くした幸民にとって、長兄は文字通り父親代わりだった。その兄のためにも立派な学者になろうと決意した矢先の悲劇だった。

お家が基本の時代に当主の死は一大事。親族は相はかって、末子ながら、英明な幸民に家督を継がせようとした。しかし彼は学問途中だからとこれを固辞。兄の三歳の子に家を継がせてさらに勉学に邁進した。

その学問的才能と刻苦精励は長雋を感嘆させ、将来の大成を確信させた。一年後、もはや自分におしえられることはないとさとった長雋は、さらに研鑽を積ませるべく、新たな師を紹介した。それは蘭方医仲間の坪井信道である。

信道は当時、江戸で伊東玄朴と名声を二分し、その学塾では最先端の蘭方を学べると評判が高かった。学問のみならず温厚篤実な人柄でも多くの弟子に慕われていた。幸民も彼を終生の師と仰ぐことになる。

あまた秀才が集まる信道の塾でも、幸民はたちまち頭角をあらわした。この時、幸民と机を並べたのが、かの緒方洪庵である。のちに適塾を開いて福沢諭吉ら維新の人材を育てるこの俊才と幸民は、学問上のライバルとして、また親友として生涯にわたる交友を保つことになる。

絶頂から挫折へ

江戸にあって研鑽を積むこと四年余り、幸民の学業は大いに進んだが、隆国の意向もあっていったんは三田に帰った。その後、許しをえて再び江戸にのぼり、芝露月町（しばつゆつきちょう）（現在の港区新橋）で開業した。

その暮れには、坪井塾時代に知り合った青地林宗（あおちりんそう）の三女秀子と結婚した。林宗は高名な蘭学者で、日本で最初に物理学を体系的に紹介した『気海観瀾（きかいかんらん）』の著者だった。師信道の妻久米はその林宗の長女、従って幸民は師の義弟になったことになる。時に幸民二六歳。まさに順風満帆の人生だった。

ところが好事魔多しとか。新婚わずか二カ月目のある夜、幸民は重大な事件を引き起こしてしまった。酒席でのいさかいから藩の上役を傷つけてしまったのである。この事件については記録がなく、真相は今もわかっていない。

幸民は日頃から酒を好み、親友の緒方洪庵とも時折り盃を酌み交わすことがあったという。だが、つねに節度をもって接し、学問や生活をおろそかにすることなどなかった。藩の上役に刃傷沙汰など、にわかに信じがたいが、幸民が泥酔して刃物をふるったという話はたちまち藩内に広まった。

隆国の配慮によって重大な処分は免れたが、江戸所払いのうえ蟄居・謹慎を命じられた。預けられたところは相州浦賀（現在の神奈川県横須賀市）の廻船問屋の離れ。希望に満ちた門出は夢幻か、幸民は秀子とふたり、浦賀の地で失意の日々を送るはめになった。若気のいたりとは言え、学問でも私生活でもこれからという時の大やけどだけに、その痛みは大きかった。

この蟄居中、江戸や大坂では蘭学仲間たちに大きな危難が降りかかった。天保一〇年（一八三九年）に起こった、いわゆる「蛮社の獄」である。

宇田川榕菴のところでも言及したように、事件は蘭学を憎悪する目付鳥居耀蔵の策謀によるものだった。悪辣なでっち上げにより、渡辺崋山ら多くの蘭学者が処分され、牢につながれ、あるいは自害して果てた。この時、幸民の義弟高野長英も捕らえられた。

シーボルトの鳴滝塾で塾頭を務め、ドクトルと称されるほどの俊才だった長英は、青地林宗の四女を妻に迎えた。これにより年上ながら、三女を妻とした幸民の義弟になったのだった。

逃げ切れないと見た長英は自首して入牢。その後、火災に乗じて脱獄し、逃亡生活にはいった。刃傷事件をきっかけに一時は蘭学を捨てようとまで思いつめた幸民は、義弟や仲間の危難をどのような思いで聞いたのだろうか。

鬱々たる日々を送りながら、しかし幸民の学問に対する情熱は衰えなかった。この間に義父林宗の『気海観瀾』の増補改訂に取り組んだ。林宗にとって『気海観瀾』は生涯の一書とも言うべき書物だったが、改訂の思いを遂げられぬまま逝った。亡き義父の思いを継いだ改訂作業を通して、幸民は医学の根本にある物理・化学の重要性に目を開かされた。

あわせて宇田川榕菴の化学書『舎密開宗』で化学を学んだ。西洋の科学技術を紹介する後述の『遠西奇器述』に着手したのもこの頃である。

謹慎中に長男と次男が生まれ、川本家にもほのかな光明がともったが、処分はなかなか解かれなかった。しかし五年後、長かった蟄居生活にも、ついに終止符が打たれる時がきた。

赦免の時

「ご免」

「これは、御奉行様……」

不意に店先にあらわれた武士を見て、廻船問屋小川屋の主人は驚いた。無理はない。客は三千石の大身旗本で浦賀奉行の池田将監頼方（しょうげんよりかた）だったからである。

「むさくるしいところでございますが、御奉行様にはどうか奥へ……」

「気をつかわずともよい。本日は御用の向きにはあらず。ここに川本幸民殿と申す蘭学者がおると聞いてまいった」

「はい、川本様ならこちらの離れにおられますが」

「浦賀奉行が会いにまいったと、幸民殿に告げるがよい」

この頃、日本近海をめぐる情勢はなにかと不穏だった。一八世紀後半以降、北は蝦夷地から南は長崎まで、異国船がひんぱんに出没するようになった。これに対して幕府は、異国船打払令という強硬策で応じた。だが、そのために各地でトラブルが起こり、幕政に対する批判も強まっていた。

将監は幕府きっての能吏であり、江戸の入口を守る奉行として、異国や異国船の情報に飢えていた。そこへ浦賀に英語を独学している者がいるとの噂を聞いて、足を運んできたのである。幕閣の要職にある者が、謹慎中の陪臣(ばいしん)のもとを訪れるなど通常は考えられない。その気さくさに将監の人柄があらわれているが、この行動には伏線としてひとつの縁があった。

「川本幸民にございます」

「そなたの評判は九鬼殿から聞いておった。九鬼殿はわしの舅(しゅうと)殿じゃ」

将監は三田藩の隣の播磨の出で、藩主九鬼隆国の娘婿だったのである。

「三田では抜群の秀才とのことじゃったが、いかなる仔細があってかかる地に蟄居いたしておるのか。差し支えなければ委細を聞かせてくれぬか」

隆国は藩の恥となる蟄居の件を、娘婿にも明かしていなかったのである。主君との深い縁を知って安心した幸民は、包み隠さず事情を申し述べた。

話を聞きおえた将監は、「あいわかった。これもなにかの縁じゃろう」と言って二度、三度大きくうなずいた。

「ところで、そなたエゲレス（英国）の言葉を学んでおるとのことじゃな。なぜ、オランダではなくエゲレスなのじゃ」

「はっ」

幸民は問われるまま、世界情勢から説き起こして、今や世界の覇権がオランダから英米に移りつつあること、そこにおける英語の必要性を力説した。

「では、そなた、これからはエゲレスやメリケンの時代がまいると申すのか」

「すでに大勢はそのように推移しておるかと」

「異国船への対応はいかがいたせばよいのか。きたんなく存念を申されよ」

「おそれながら、異国船がわが国に立ち寄る目的は一に補給にございます。外国への航海には、燃料や水、食料などを補給でき、いざとなれば時化(しけ)や嵐を避けられる港が必要でございます。その用がすめば、おとなしく帰っていくことでございましょう」

「うーむ」

将監はうなったきり考え込んでしまった。そのような発想は江戸の儒学者たちからは、いや蘭学者からも聞いたことがなかったからである。だが、言われてみればそのとおりのように思えた。

幕政に対する批判ととられかねない意見でもあったが、幸民は臆せずに自説を開陳した。その堂々たる態度と、広範な知識や洞察力は将監を感じ入らせた。

このまま埋もれさせておくには惜しい男だ。機会を与えれば、きっと幕府の役にも立つにちがいない。

「そなたの話、いちいちもっともじゃ。過ぐる日のことはすでに充分に反省したことじゃろう。わしが舅殿に復帰を仲介してつかわそう」

「かたじけなくぞんじます」

幸民は平伏したまま頭を上げることができなかった。そのほほを大粒の涙が伝わり、畳に落ちた。

その言葉通り、将監は隆国に処分の撤回を取りなした。もとより隆国も赦免の機会を待っているところだったので、渡りに船だった。処分を解かれた幸民は妻とともに江戸に戻り、その後、藩医に復帰することができたのだった。

長い目で見れば、この蟄居は幸民の人生に大きく幸いした。『蘭学者川本幸民』の著者司亮一氏も、この謹慎期間が幸民というぎらぎらした人物をさやにおさめるのに役立ったと書いているが、そのとおりだろう。

黒船なにするものぞ

復帰後、幸民の学問は大いに進んだ。

この頃の幸民は、医学を修めるかたわら、その基本にある物理学や化学に対しても並々ならぬ探究心を燃やすようになっていた。それを培ったのが『気海観瀾』の増補改訂作業だった。蟄居中に着手したその作業を通して、幸民は物理学や化学の重要性を認識し、これを医学とは別に研究しようと決心したのである。

幸民が義父の遺志を継いで『気海観瀾広義』を上梓したのは、嘉永四年（一八五一年）のことだった。

『気海観瀾』の原著はもともと薄い一巻本だった。これに対し、幸民の増補改訂版は一五巻全五冊。内容的にも補強され、物理学を中心に、化学、動物学、植物学、鉱物学、天文学など幅広い分野の知識を網羅し、日本近代科学史上の記念碑的な著作となった。

これによって気鋭の洋学者川本幸民の令名は大いに上がった。その洋学者が実力を試される大事件が勃発したのは、それから二年後のことだった。

嘉永六年(一八五三年)、提督ペリー率いる黒船四隻が浦賀に来航した。その威容に、幕府はいうにおよばず日本国中が上を下への大騒ぎになった。

未曾有の国難に直面し、幕府は早急な対策に迫られた。とは言え、江戸開府以来二五〇年、老中幕閣も、旗本も、太平の世にあまりに慣れすぎていた。いくら考えても良策が出てこない。苦慮の末、幕府は幕臣、諸藩を問わず広く献策を求めることにした。

この時、いよいよ自分の出番と立ち上がったのが、幸民だった。

幸民からすれば、黒船にあわてふためくなど愚の骨頂だった。そうした動揺はひとえに無知のなせるわざで、日本人が西洋の航海術や艦船の構造などを知らないから必要以上に恐れ、騒いでいるにすぎない。しかしその仕組みを研究し、よく理解すれば、自分たちにも同じものがつくれるとわかるはずだ。その結果、落ち着いて対策を練ることも可能になるだろう。

幸民はこの頃、江戸の薩摩藩士向けに西洋の先端技術を講義していたので、その講義録をまとめて、ペリー来航の翌年に『遠西奇器述』と題して刊行した。蒸気船の構造、写真術、電信などの仕組みを、精細な図版とともに詳述した同書は、国防や科学技術に対する関心の高まりに乗って飛ぶように売れた。

諸藩中には、これに刺激されて近代化政策を推進するところもあった。とりわけ薩摩藩が大型洋式軍艦「昇平丸（しょうへいまる）」を建造した際に、本書を参考にしたことはよく知られている。

化学者幸民の誕生

その後の幸民の活躍は、化学の分野でとくに目覚ましいものがあった。

安政三年（一八五六年）、彼はドイツ人モリッツ・マイヤーの化学書を翻訳して『兵家須読舎密真源（へいかすどくせいみしんげん）』を上梓した。さらに同じドイツ人シュテックハルトの化学入門書『化学の学校』を、その第二版をもとに翻訳した。その後、第三版を入手したため補注を加え、万延元年（一八六〇年）に出版したのが彼の代表作となった『化学新書』である。

これは元素、化学反応、記号を用いた化学式など、当時の西欧化学の最新知識を詳述したもので、わが国近代化学の礎となった。

ここで注目すべきは、この本で「化学」という用語が初めて使われたことである。

現在の化学にあたる用語の訳語としては、もともと「舎密」が使われてきたことは、宇田川榕菴の節でも言及した。彼がウィリアム・ヘンリーの化学入門書を翻訳した際に、オランダ語で化学を意味する“Chemie”の発音（「シェミー」）からとったのである。以後、それが一般的に化学を指す用語として用いられるようになった。

幸民はそれをなぜ、あえて化学と改めたのか。これについては諸説あるが、旧来の用語を嫌ったというよりは、新しい学問を紹介する気概を示したかったのだろう。

一説には用語自体は、中国の翻訳書の影響かとも指摘されているが、確証はない。この後、舎密と化学は明治初年まで併用されたが、やがて化学が定着していった。幸民が初めて使った科学用語には、ほかに「蛋白（たんぱく）」「大気」「合成」などがある。

こうして名声があがった幸民には地位があとからついてきた。

安政三年（一八五六年）には、蕃書調所の教授手伝に任命された。蕃書調所はペリー来航以来、洋学の必要性を痛感した幕府が、幕臣の洋学教育機関として開設したもので、教育のみならず蘭書や洋書の翻訳、外交文書の作成などにも当たった。のちに洋書調所、開成所と名義変更され、東京大学の源流のひとつとなった。

ちなみに開設時の教授職は箕作阮甫と杉田成卿（せいけい）だった。阮甫は坪井信道とともに宇田川一門の双璧と謳われた大学者。また成卿はかの杉田玄白の孫で、やはり祖父の名に恥じぬ学者と評価されていた。これに幸民を加えた陣容は、幕府最高の研究機関にふさわしいものだった。

二年後、幸民は教授職に昇進した。同時に藩士から幕府の直参に出世し、殿様と呼ばれる身分となった。

浦賀奉行の取りなしにより、罪を許されてから一五年、たゆまぬ努力により、幸民は名実ともに日本最高の洋学者の地位にのぼりつめたわけである。亡き父母、学者になるきっかけをつくってくれた亡兄、不遇の時を支え続けてくれた妻秀子、そして主君隆国様を思えば、感慨もひとしおだっただろう。

ビールと写真術

幸民が科学者としてすぐれていたのは、たんに西洋の科学技術の理論的紹介だけではなく、みずから実験して内容を確認したことである。冒頭のマッチの件もそうだが、次の飲料製造の件もそうした実験精神のあらわれだった。

黒船来航から数年後、浅草松葉町（現在の台東区松が谷）の曹源寺（そうげんじ）で、幸民主催による盛大な酒宴が開催された。招待客は名のある蘭学者ぞろいだったが、本日の主役は別にいた。

「ささ、皆様方、とくとお味わいください」

幸民は用意されたグラスに、泡立つ液体をなみなみと注いだ。

「ほほう、これがペルリが幕府に献上したビアーと申すものですか」

「泡が立つ酒とは聞いていたが、なるほど」

そう、これが本日の主役であるビール。それも本邦初公開、幸民お手製のとっておきの美酒だった。

蘭学者たちは初めて見る西洋の酒を、半信半疑で口に含んだ。

「うっ、苦い。これは、どうか……」

「やはり玄白様の申されたとおりじゃ、なにも味がない」

杉田玄白は、かつてオランダ伝来のビールを試飲し、「なんの味わいもない」と感想を漏らしたという。そのことを言っているのである。

「いや、どうして、どうして。なかなかに美味でござる。拙者は気に入り申した」

「拙者も……。これはいけるぞ」

「幸民殿、恐縮ですが、もういっぱい」

「さあ、皆様方、酒はまだたっぷりございますぞ。ぞんぶんにお召し上がりを」

幸民がビールづくりの参考にしたのは、自分が訳出したシュテックハルトの『化学の学校』だった。そこには原料から発酵まで、ビールの製法が微に入り細をうがって記述されていた。それをもとに自宅に炉を築いて、試醸にとりかかったというわけである。

酒づくりには化学知識の結晶という側面がある。酵母、酵素、アルコール、発酵技術……。幸民のチャレンジにはこうしたビールに対する化学的興味に加えて、未知の酒を試したいという酒好きの性（さが）もあったかもしれない。数カ月かけてようやく醸造に成功した幸民は、蘭学者を招いて盛大な試飲会を開催したというわけである。

西洋の酒をつくって皆で飲む。それはまさに西洋を飲みほす洋学者の気概を示すようだった。この試醸によって幸民はビール醸造の始祖という栄誉も担うことになった。

その化学知識を活かして、彼がもうひとつ挑んだのが写真術である。

一八三九年、フランスの画家ルイ・ジャック・ダゲールは保存可能な写真を発明し、「ダゲレオタイプ」と名づけた。これが写真術の始まりとされている。

ダゲレオタイプは日本では銀板写真とよばれたが、複製できないことや、撮影に長時間かかるなど、欠点も多かった。その後、イギリスのフレデリック・アーチャーがガラス板の上にコロジオンという薬剤を塗布した湿板写真を開発。こちらは複製が可能で、撮影や保存にも適していたため、急速に普及した。

幸民は『気海観瀾広義』中で銀板写真に言及し、嘉永四年（一八五一年）には実際に写真撮影に挑んだ。機材から現像液、定着液まですべて手づくりだった。挑戦は成功し、鮮明な写真をえられた。

わが国写真術の祖は、定説では長崎の時計師上野俊之丞（うえのしゅんのじょう）となっている。彼が天保一二年（一八四一年）に撮影した島津斉彬の肖像写真が、日本人による写真撮影の嚆矢だというのである。だが、この事実の信憑性を疑い、幸民の銀板写真こそわが国最初の写真撮影と見なす論者もいる（司亮一氏など）。

銀板写真から一〇年後には湿板写真にも挑んだ。きっかけは咸臨丸の使節団が滞米中に写した複製写真だった。それが湿板写真であることを即座に見抜いた幸民は、やはりすべて手づくりで撮影し、複製にも成功した。

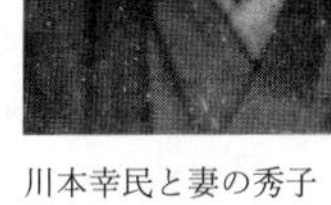
川本幸民と妻の秀子
（日本学士院蔵）

この時、幸民は自分の肖像写真とあわせて、妻秀子の写真も撮った。おそらく新婚時代の事件以来、長年苦労をかけた妻への感謝の気持ちをあらわしたかったのだろう。そう見ると写真の秀子の表情は固いが、どこかうれしそうに見える。この写真は現在も日本学士院に保管されている。

薩摩藩士となる

蕃書調所に出仕した翌年、幸民は藩籍を三田藩から薩摩藩に移した。島津斉彬の下で洋化事業に尽くすためだった。

斉彬は科学技術を国づくりの基盤に据えようとした点で、幕末の開明君主の中でも傑出した存在だった。その斉彬はかねがね幸民を高く評価し、薩摩に呼び寄せて藩の近代化事業（集成館事業）の中心に据えたいと考えていた。だが、旧知の隆国への遠慮もあって、言い出しかねていたのである。

幸民と斉彬の関係はその六、七年前にさかのぼる。

嘉永四年（一八五一年）、薩摩藩主となった島津斉彬は、念願だった藩の近代化政策に着手した。この時、宇田川榕菴、高野長英、坪井信道、箕作阮甫といった高名な蘭学者と並んで目をつけたのが幸民だった。

斉彬は幸民に、西洋の軍備や兵器、電信機、写真機、製塩法などに関する文献の翻訳を依頼した。この積極的な情報収集のおかげで、薩摩藩はペリー来航から三年後の安政三年（一八五六年）には、わが国初の蒸気船「雲行丸」を完成させることができた。

雲行丸は江戸藩邸で建造され、墨田川や品川沖で試運転された。黒船に似た姿と、帆船には不可能な前進、後退などを見た江戸っ子たちは、さすがは島津の殿様と喝采を送ったという。

黒船来航の三年後には、自力で蒸気船を製造した日本の底力は西洋列強を驚嘆させた。この国はこれまで植民地化してきたアジア諸国とは明らかに違う。そう痛感した列強が、日本の植民地化を断念する大きな要因となったと言われている。

その意味で幸民の活躍は特筆されるべきである。維新の志士たちのような斬ったはったの華々しさはないが、『遠西奇器述』とあわせて国を救う働きをしたと言えるだろう。

そんな経緯もあって、斉彬の信頼はますます厚くなっていった。幸民もまた、自分を知る斉彬の下で存分に働きたいと願うようになった。だが隆国の恩を思って容易に決断できずにきたのだった。

だが、その隆国も五年前に世を去り、藩政は息子隆徳(たかのり)から孫の精隆(きよたか)の代に移っていた。隆徳との仲はもともと冷ややかなものだったし、現藩主とも親密な交わりはなかった。生まれ育った郷土への愛はあっても、藩自体にはもはや未練はなかったのである。

斉彬からは一刻も早い薩摩入りを求められたが、幸民はすぐに応じなかった。開所間もない蕃書調所での幸民の役割は大きく、おいそれとは放り出せなかったのである。

そこで幸民は、ひとあし先に弟子の松木弘安を行かせることにした。のちに外務卿寺島宗則(むねのり)として明治の外交をリードする弘安は、真面目で有能な幸民のもっとも信頼厚い弟子だった。しかも薩摩出身だった。

これにより幸民の集成館事業との関わりは、当面、江戸の幸民が薩摩の弘安を指導するかたちで始まった。師弟関係に支えられた薩摩藩での幸民の働きは、短いが充実したものだった。とりわけめざましい功績を挙げたのは、電信機の製作である。

斉彬の死と集成館事業の終焉

日本で最初の電信機製作は、嘉永二年(一八四九年)に松代藩士佐久間象山が製作したものだとされている。この機械の詳細はわかっていないが、ショメールの『日用家庭百科辞典』をもとに部品を自作して組み立て、藩の鐘楼と、約七〇メートル離れた御使者屋との間で通信実験を行ったという。米国のサミュエル・モールスの有線電信に遅れること、わずか一四年のことだった。

モールスは一八三五年、電信機の試作に成功、四〇年代から電信事業に乗り出し、大都市間の電信線敷設により事業を拡大した。そして五六年には、のちに大電信企業となるウェスタン・ユニオン電信会社を創設する。

安政元年（一八五四年）、ペリーが二度目の来日の際に持参して幕府に献上したのが、このモールスの電信機だった。当時の電信機は蒸気機関と同じく最新テクノロジーだったから、アメリカの力を誇示するねらいもあったのだろう。

その二年後、将軍家の別邸浜離宮で電信実験が行われた。ただし使用された電信機は先の献上品ではなく、アメリカに対抗してオランダから幕府に献上された装置だった。この時、将軍徳川家定の御前で機械操作の栄誉を担ったのが、若き日の勝海舟だったことはあまり知られていない。

同じ年、幸民は島津斉彬から、電信に関する文献の翻訳を依頼された。その後、松木弘安を指導して電信機をつくらせ、薩摩藩江戸屋敷で何度も実験を行った。

鹿児島へ帰ったのち、弘安は鶴丸城の本丸と二の丸の間で無線の実験を行い、これを見事に成功させた。弘安と無線の縁は維新後も続き、神奈川県知事として東京―横浜間の電信開設に尽力するなど、わが国電信事業の発展に大きく貢献した。それを実験・理論両面から支えたのが幸民だった。

集成館事業では、ほかに写真、製糖、武器製造、蒸気機関、製塩、薩摩切子（ガラス細工）なども指導・助言した。このように幸民の業績は幅広く、彼がいなければ事業自体、存立しえなかったと言っても過言ではない。

しかし斉彬と幸民の幸福な関係は長くは続かなかった。幸民が出仕した翌年の七月、斉彬はにわかに激しい腹痛と下痢、高熱に襲われて床に就いた。そのまま治療の甲斐なく、四九歳の生涯を閉じたのだった。

幕末きっての名君と幕末の大化学者。理解し、通じ合ったふたりの関係は、こうしてわずか一年余りで断たれた。成彬の死後、集成館事業は閉鎖され、幸民が薩摩で腕をふるうチャンスもなくなった。

その後は活躍の場を再び蕃書調所に戻したが、この頃、洋学に突如逆風が吹き荒れ始めた。洋学嫌いの大老井伊直弼による「安政の大獄」である。調所も規模を縮小されるなど、洋学は冬の時代を迎えた。幸民の弟子で、俊才の誉れが高かった橋本左内が斬首に処されたのもこの時だった。攘夷論者は洋学者を激しく敵視、幸民の身辺にも危険がおよんできた。

それまで幸民は学問に専心し、政治的な発言は極力控えてきたが、洋学の圧迫に見られる幕政の旧弊さには我慢がならなかった。彼はその不満を福岡黒田藩の藩医武谷椋亭（りょうてい）宛ての書簡にぶつけた。幸民と椋亭は、緒方洪庵を通して親交があった。

この中で幸民は、旧弊な政治を改革するために九州の雄藩が団結し、西国の力をあわせて、幕府の悪習を改革すべきである、それ以外に庶民の苦しみを救う方法はないと述べている。さらに次の将軍候補と目されていた一橋慶喜を、その器ではないと批判している。

当時の情勢下、幕臣による幕政批判は、よほどの覚悟がなければできなかった。幸民の危機感がそれほど強かったということだろう。

英語教育を実践

晩年の幸民に関して特筆すべきは、英語への取り組みである。

今や世界を制しつつあるのは英米であり、これからは英語の時代になる。そう見ぬいた幸民は、早くから英語を独学してきた。親友緒方洪庵の弟子で、後年親しく交わった福沢諭吉と同じ先見の明と言えるだろう。

大政奉還後の慶応四年（明治元年、一八六八年）、これが潮時と悟った幸民は江戸を離れて故郷三田に帰った。そして子息清一とともに、英語と物理、化学を教える塾を開いた。

あの幸民が塾を開いたと知って、入塾希望者が全国から殺到した。だが順調にスタートした塾も、長続きはしなかった。開講からまもなく、清一が新政府から出仕するよう求められたのである。塾が軌道に乗り始めた矢先だったが、息子の将来を考えて幸民は一家を挙げて上京することに決めた。

しかし、六〇過ぎてからの長旅と転地はやはり体にこたえたのだろう。その翌年、病を患い、闘病ののち自宅で死去した。享年六一歳。西洋科学の研究・紹介とその実験・応用に捧げた生涯だった。

師信道の養子坪井信良は、幸民の人柄を、「清廉潔白で一本気で、信念をもって物事にあたる。その言葉は信頼のおけるもので、言い出したことは必ず実行する。交わりは広くないが、いったん親しくなれば長く、温かいつきあいを保つ」と記している。

幾多の困難を乗り越えて、医学や科学技術の探究を貫いた信念の人幸民は、また家族や友を愛し、郷土を愛し、藩を愛し、日本を愛した愛の人でもあった。その花も実もある生涯は、学問の探究と人間的な情愛とが決して矛盾しないことを教えてくれているようである。

あとがき

　江戸時代の科学者に関心を抱いたのは、今から一〇数年ほど前のことだった。きっかけは、からくり儀右衛門こと、田中久重との出会いだった。

　儀右衛門のことは、子供の頃に貸本漫画で伝記を読んだ覚えがあり、それが東芝の創業者田中久重だと知って興味を覚えたのである。その後、川崎の東芝科学館（現在の東芝未来科学館）とちょっとした縁ができ、久重の展示を見たことで、この稀代のからくり師と、彼の生きた時代についてもっと知りたくなったのだった。

　たまたま同じ頃、ＳＦ界の先輩である大宮信光氏を通してロボットの歴史について書く仕事をいただいた。日本のロボットの元祖と言えば西村真琴の「學天則」が有名だが、久重がつくった茶酌娘や弓曳童子、文字書き人形がそのルーツであることは言うまでもない。久重の縁で、国友一貫斎、大野弁吉などのからくり師を知ったのもこの頃だった。彼らの生き様は知れば知るほど魅力的で、いつかは調べて書きたいと思うようになった。

偶然は重なるもので、同じ頃、江戸の科学者について書くよう学研プラス「大人の科学.net」からお誘いいただいた。これはよい機会と、一も二もなく飛びついた。取り上げる科学者はおまかせとのことだったので、田中久重、国友一貫斎の名をまず挙げた。次に浮かんだのが平賀源内と関孝和だった。源内と言えばエレキテル、孝和と言えば和算。ともにすぐに思いつく江戸科学のスーパースターだが、その業績の全貌や人柄については意外に知られていない。筆者も不充分な知識しか持ち合わせていなかった。この機会にそれを掘り下げ、コンパクトにまとめてみたいと思ったのである。

次いで志筑忠雄、橋本宗吉、川本幸民、宇田川榕菴の四人を候補に挙げた。彼らについてはあまり知識がなかったが、調べていくうちに、いずれも各分野における偉大な先達だと確信したからである。

高橋至時と司馬江漢、緒方洪庵の三人は少し捻った人選になった。至時については近代天文学の開拓者であると同時に、伊能忠敬の歳若の師という点に魅力を感じた。期間は短かったが、歳の差を超えた二人の深い師弟愛には心揺さぶられるものがあった。

江漢の場合は画家であり、地動説の啓蒙者でもあったという二面性に魅力を感じた。洋画を通じて西欧近代のリアルな世界観を追究したのもおもしろいと思った。福沢諭吉の師洪庵は、医師としての功績はもちろん、究理学（物理学）を修め、それに基づく科学教育の先駆者でもあったところに心動かされた。

ほかにも取り上げたい人物はいたが、とりあえずこの一一人に絞って執筆し、学研プラス「大人の科学.net」に最初の四人（田中久重、国友一貫斎、平賀源内、関孝和）の原稿が順次掲載された。評判は上々で、その後、平凡社新書編集部の岸本洋和さんから新書化のお誘いをいただき、今回、刊行の運びとなったわけである。

もともと江戸の科学者に惹きつけられたのは、好事家的発想からだったが、彼らの魅力はそれだけではない。なにより、一途で情熱的な人柄、学問にかける真摯な姿勢、篤い友情や家族愛などの人間性に心惹かれたのである。サムライの時代に科学を切り開いたそんな彼らの魅力を、本書を通して、少しでも知っていただければ幸いである。

最後に日本の科学者に眼を開くきっかけをくださった学研プラス「大人の科学マガジン」編集長の西村俊之さん、そしてなにより本書の刊行にご尽力いただいた岸本洋和さんに深甚な謝意を表したい。

参考文献

全般

大石学監修『図説 江戸の科学力』（学研プラス、二〇〇九年）
金子務『ジパング江戸科学史散歩』（河出書房新社、二〇〇二年）
『日本思想大系 64 洋学（上）』（岩波書店、一九七六年）
『日本思想大系 65 洋学（下）』（岩波書店、一九七二年）

高橋至時

大谷亮吉編著『伊能忠敬』（岩波書店、一九一七年）
高橋至時「ラランデ暦書管見（抄）」中山茂校注（『日本思想大系 65 洋学（下）』岩波書店、一九七二年）
中村士『江戸の天文学者 星空を翔ける』（技術評論社、二〇〇八年）
鳴海風『ラランデの星』（新人物往来社、二〇〇六年）
渡辺一郎『伊能測量隊まかり通る』（NTT出版、一九九七年）
渡辺一郎『伊能忠敬の歩いた日本』（ちくま新書、一九九九年）

志筑忠雄

志筑忠雄没後200年記念国際シンポジウム実行委員会編『蘭学のフロンティア——志筑忠雄の世界』（長

崎文献社、二〇〇七年）
J・カイル「求力法論」志筑忠雄訳述、中山茂・吉田忠校注（『日本思想大系 65 洋学（下）』岩波書店、一九七二年）
J・キール「暦象新書」志筑忠雄訳述、三枝博音・鳥井博郎・岡邦雄校注（『日本哲学思想全書 6 科学 自然篇』平凡社、一九五六年）
杉本つとむ『長崎通詞ものがたり』（創拓社、一九九〇年）
中山茂「近代科学と洋学」（『日本思想大系 65 洋学（下）』岩波書店、一九七二年）
松尾龍之介『長崎蘭学の巨人——志筑忠雄とその時代』（弦書房、二〇〇七年）

橋本宗吉

中野操「橋本宗吉」（『大坂蘭学史話』思文閣出版、一九七九年）
橋本宗吉「オランダ起原エレキテル実験録」青木国夫訳（『少年少女科学名著全集 5 新発見の報告』国土社、一九六五年）
橋本宗吉「阿蘭陀始制エレキテル究理原」（『江戸科学古典叢書 11 エレキテル全書』恒和出版、一九七八年）
谷沢永一編『なにわ町人学者伝』（潮出版社、一九八三年）
柳田昭『負けてたまるか』（関西書院、一九九六年）

関孝和

上野健爾『和算への誘い――数学を楽しんだ江戸時代』（平凡社、二〇一七年）
上野健爾・砂田利一・新井仁之編『数学のたのしみ 二〇〇六年夏 関孝和と建部賢弘』（日本評論社、二〇〇六年）
佐藤賢一『近世日本数学史』（東京大学出版会、二〇〇五年）
佐藤健一他『和算用語集』（研成社、二〇〇五年）
佐藤健一・真島秀行編『関孝和の人と業績』（研成社、二〇〇八年）
伊達宗行『「数」の日本史』（日本経済新聞社、二〇〇二年）

平賀源内

東徹『エレキテルの魅力』（裳華房、二〇〇七年）
城福勇『平賀源内』（吉川弘文館、一九七一年）
杉田玄白『蘭学事始ほか』（中央公論社、二〇〇四年）
土井康弘『本草学者 平賀源内』（講談社、二〇〇八年）
芳賀徹編『日本の名著 22 杉田玄白 平賀源内 司馬江漢』（中央公論社、一九七一年）
芳賀徹『平賀源内』（朝日新聞社、一九八九年）

宇田川榕菴

ジーボルト『江戸参府紀行』斎藤信訳（平凡社東洋文庫、一九六七年）
高橋輝和『シーボルトと宇田川榕菴――江戸蘭学交遊記』（平凡社新書、二〇〇二年）

中貞夫『学問の家 宇田川家の人たち』（津山洋学資料館、二〇〇一年）
水田楽男『洋学者 宇田川家のひとびと』（日本文教出版、一九九五年）

司馬江漢

岡泰正『新潮日本美術文庫15 司馬江漢』（新潮社、一九九八年）
河北倫明・高階秀爾『近代日本絵画史』（中央公論社、一九七八年）
司馬江漢『江漢西遊日記』芳賀徹・太田理恵子校注（平凡社東洋文庫、一九八六年）
杉浦明平『天下太平に生きる――江戸のはみだし者』（筑摩書房、一九八四年）
沼田次郎「司馬江漢と蘭学」（『日本思想大系64 洋学（上）』岩波書店、一九七六年）
芳賀徹編『日本の名著22 杉田玄白 平賀源内 司馬江漢』（中央公論社、一九七一年）

国友一貫斎

有馬成甫『一貫斎国友藤兵衛伝』（武蔵野書院、一九三二年）
市立長浜城歴史博物館企画・編集『江戸時代の科学技術――国友一貫斎から広がる世界』（サンライズ出版、二〇〇三年）
相良亨編『日本の名著24 平田篤胤』（中央公論社、一九八四年）
文部科学省特定領域研究「江戸のモノづくり」（第3回国際シンポジウム実行委員会編集・発行『近世日本における科学・技術の源流――ガリレオ、レーウェンフックから一貫斎まで』二〇〇三年）
山本兼一『夢をまことに』（文藝春秋、二〇一五年）

緒方洪庵

梅渓昇『緒方洪庵と適塾』（大阪大学出版会、一九九六年）
梅渓昇『緒方洪庵』（人物叢書、吉川弘文館、二〇一六年）
北澤一利『「健康」の日本史』（平凡社新書、二〇〇〇年）
中田雅博『緒方洪庵――幕末の医と教え』（思文閣出版、二〇〇九年）
福沢諭吉『新訂 福翁自伝』（岩波文庫、一九七八年）

田中久重

今津健治『からくり儀右衛門――東芝創立者田中久重とその時代』（ダイヤモンド社、一九九二年）
篠原正一『久留米人物誌』（菊竹金文堂、一九八一年）
高梨生馬『からくり人形の文化誌』（學藝書林、一九九〇年）
高橋克彦『火城――幕末廻天の鬼才・佐野常民』（ＰＨＰ研究所、二〇〇七年）
童門冬二『小説 田中久重――明治維新を動かした天才技術者』（集英社インターナショナル、二〇〇五年）

川本幸民

川本裕司・中谷一正『川本幸民伝――近世日本の化学の始祖』（共立出版、一九七一年）
北康利『蘭学者 川本幸民――近代の扉を開いた万能科学者の生涯』（ＰＨＰ研究所、二〇〇八年）
司亮一『蘭学者 川本幸民――幕末の進取の息吹と共に』（神戸新聞総合出版センター、二〇〇四年）
柳田昭『黒船なにするものぞ――蘭学者・川本幸民』（朝日ソノラマ、一九九八年）

本書は書き下ろしです。

ただし、左記の文章は学研プラス「大人の科学.net」で公開されたものに大幅に加筆したものです。

・志筑忠雄——西洋近代科学と初めて対した孤高のニュートン学者
　西欧近代科学とはじめて向き合った孤高のニュートン学者 志筑忠雄［二〇〇七年一二月二六日公開］
・川本幸民——信念の科学者、日本近代化学の父
　西洋と真っ向対峙した信念の科学者 日本近代化学の父 川本幸民［二〇〇八年四月二五日公開］
・関孝和——江戸の数学を世界レベルにした天才
　江戸の数学を世界レベルにした天才数学者 和算の開祖 関孝和［二〇〇八年六月二五日公開］
・平賀源内——産業技術社会を先取りした自由人
　科学技術社会を先取りした江戸の自由人 平賀源内［二〇〇八年一二月一七日公開］

【著者】
新戸雅章（しんど まさあき）
1948年、神奈川県生まれ。横浜市立大学文理学部卒。テスラ研究所所長、テスラ記念協会会員。ニコラ・テスラ、チャールズ・バベッジなど、知られざる天才の発掘に情熱を注ぐとともに、その発想を現代にいかす道を探る著作活動を続けている。主著に『発明超人ニコラ・テスラ』（ちくま文庫）、『ニコラ・テスラ未来伝説』（マガジンハウス）、『バベッジのコンピュータ』『逆立ちしたフランケンシュタイン』（以上、筑摩書房）、『テスラ』（工学社）、『天才の発想力』（サイエンス・アイ新書）、『知られざる天才ニコラ・テスラ』（平凡社新書）など。

平 凡 社 新 書 8 7 5

江戸の科学者
西洋に挑んだ異才列伝

発行日――2018年4月13日　初版第1刷

著者――新戸雅章
発行者――下中美都
発行所――株式会社平凡社
東京都千代田区神田神保町3-29　〒101-0051
電話　東京（03）3230-6580［編集］
東京（03）3230-6573［営業］
振替　00180-0-29639
印刷・製本―図書印刷株式会社
装幀――菊地信義

ISBN978-4-582-85875-4
NDC 分類番号402.8　新書判（17.2cm）　総ページ254
平凡社ホームページ　http://www.heibonsha.co.jp/